应用型人才培养精品教材

C语言程序设计基础（工作手册式）

主　编　周　玫
副主编　周少玲　黄志超
熊　琪　曹国欣

電子工業出版社
Publishing House of Electronics Industry
北京 • BEIJING

内 容 简 介

为了帮助广大读者了解 C 语言程序设计，本教材立足企业工作岗位，涵盖岗位所需技能、知识和素养，系统讲解了 C 语言的相关知识点，并将学生信息管理系统案例进行分解，使之贯穿全教材，各项目、各任务的知识点前后衔接紧密，可提升学生实战能力，让学生能够学懂、学会、学通。

本教材分为十个项目，每个项目分为基础篇、进阶篇、提高篇，内容由浅入深，循序渐进，让学生逐步深入学习，提升技能。同时，本教材注重职业素养与职业技能双指导，将岗位所需职业素养和职业技能融入教材内容中，尤其注重工匠精神、敬业精神的培养。本教材采用工作手册式的全新架构将行业发展新技术、新工艺、新理念融入其中，便于开展教学和自学活动。

本教材的教学资源包括教学课件、题库、教学视频、源代码等。

本教材既可用作高职院校计算机及相关专业的 C 语言基础教材，同时也可供 C 语言培训人员、计算机从业人员和计算机爱好者参考和使用。

图书在版编目（CIP）数据

C 语言程序设计基础：工作手册式 / 周玫主编．—北京：电子工业出版社，2023.8
ISBN 978-7-121-46166-8

Ⅰ．①C…　Ⅱ．①周…　Ⅲ．①C 语言－程序设计　Ⅳ．①TP312.8

中国国家版本馆 CIP 数据核字（2023）第 155856 号

责任编辑：魏建波
印　　刷：北京天宇星印刷厂
装　　订：北京天宇星印刷厂
出版发行：电子工业出版社
　　　　　北京市海淀区万寿路 173 信箱　邮编 100036
开　　本：787×1092　1/16　印张：16.75　字数：428.8 千字
版　　次：2023 年 8 月第 1 版
印　　次：2023 年 8 月第 1 次印刷
定　　价：52.00 元

凡所购买电子工业出版社图书有缺损问题，请向购买书店调换。若书店售缺，请与本社发行部联系，联系及邮购电话：（010）88254888，88258888。

质量投诉请发邮件至 zlts@phei.com.cn，盗版侵权举报请发邮件至 dbqq@phei.com.cn。

本书咨询联系方式：（010）88254173，qiurj@phei.com.cn。

前　言

C 语言是一门古老的语言，它起源于 1972 年，距离现在已经发展五十多年了，被广泛应用于各个领域。随着新一代信息技术的蓬勃发展，C 语言成为了一门非常重要的编程语言，它广泛应用于传感网、工业机器人、智能制造等领域。国内外高等职业院校、本科院校的计算机、电子信息等相关专业均开设了 C 语言程序设计课程。C 语言程序设计课程作为一门专业基础课，是学生学习程序设计方法与编程思想的重要课程之一，可为学生学好后续的编程课程，以及解决日后工作中的实际问题打下基础。

本教材的特色主要有如下几点。

（1）注重层次，由浅入深，循序渐进

本教材的每个项目都分为基础篇、进阶篇、提高篇，遵循学生认知规律。内容由浅入深，循序渐进，能让学生逐步深入学习，激发学生学习兴趣，培养学生自主学习能力，提升学生技能水平。

（2）注重实践，引入企业真实案例

提升篇的案例选自企业的真实案例——学生信息管理系统，该案例贴近学生生活，能让学生在解决实际问题的过程中掌握基本语法知识，融会贯通，养成编程思维。

（3）注重职业素养与职业技能双指导

将岗位所需的职业素养和职业技能融入教材内容中，尤其注重工匠精神、敬业精神的培养。在职业素养与职业技能双指导的过程中，本教材蕴含的思政元素能让学生在潜移默化中受到熏陶与感染。

（4）注重创新理念

本教材采用工作手册式的全新架构编写，将行业发展新技术、新工艺、新理念融入其中，充分满足教师教学和学生学习的个性化要求，适应职业岗位能力的培养和职业发展的需要。

本教材一共有十个项目，每个项目分为基础篇、进阶篇和提高篇，各项目的所有内容均适合计算机相关专业的学生学习和使用；各项目的基础篇和进阶篇可供非计算机专业的学生学习和使用；各项目的基础篇可供初学者学习和使用，读者可根据自己的需求进行选择性阅读。

在学习过程中应勤思考、勤总结、勤练习，自主实践本教材提供的案例，若不能完全理解本教材讲解的知识，可通过线上资源及教学视频进行学习。

本教材由周玫担任主编，周少玲、黄志超、熊琪、曹国欣担任副主编。

由于编者水平有限，书中难免存在疏漏之处，敬请广大读者批评指正。

编　者

目　　录

项目一　C 语言程序设计基础简介

知识目标

- 了解 C 语言的发展史
- 了解 C 语言的特点
- 了解主流的开发环境，能够独立安装 Dev-C++工具
- 了解简单的 C 语言程序结构
- 了解程序编译的过程
- 了解程序设计与算法

技能目标

- 学会搭建 C 语言环境
- 熟悉 Dev-C++工具
- 学会编写简单的 C 语言程序

素质目标

- 了解计算机从业人员应具备的职业道德，为步入计算机行业做准备
- 了解计算机行业的发展前景，引发学生对未来职业的愿望，激发学生对社会价值的认同感

C 语言是一门“古老”且非常优秀的结构化程序设计语言，具有简洁、高效、灵活、可移植等优点。时至今日，它仍然是不可或缺的。学习 C 语言能够为学习其他更复杂的语言打下良好的基础。对于初学者来说，本教材的部分内容有一定的难度，但世上无难事，只要肯“攀登”，就能学会、学懂。本教材将带领读者进入 C 语言的编程世界。项目一主要介绍 C 语言的发展历史、特点、开发环境和编程规范等。

基　础　篇

任务 1.1　C 语言的产生和发展

1.1.1　C 语言的产生

什么是 C 语言？在了解 C 语言之前，我们首先来了解一下程序和计算机语言。

程序是一组能让计算机识别和执行的指令。每一条指令都可让计算机执行特定的操作，完成相应的功能。计算机不会自动进行工作，而是将程序员事先编写好的程序输入计算机中，让计算机有条不紊地进行工作。因此，计算机的一切操作都由程序控制，计算机本质就是执行程序的机器。

语言是一种交流、传递信息的媒介。人与人之间的沟通交流需要通过语言完成，例如，中国人使用汉语交流、英国人使用英语交流、俄罗斯人使用俄语交流，那么程序员使用什么语言与计算机进行交流呢？程序员与计算机交流使用的语言是计算机语言。在计算机语言的发展过程中出现了机器语言、汇编语言和高级语言。

机器语言：计算机只能识别和接收由0和1组成的指令。机器语言是计算机能够直接识别的程序语言或指令代码，无须翻译，但是机器语言与人们通常使用的语言差别大，不便于编写、记忆，可读性较差。因此，早期只有极少数的计算机专业人员会编写机器语言，致使其未能得到推广和使用。

汇编语言：为了克服机器语言的弊端，人们创造出了符号语言，通过使用与指令代码含义相近的英文缩写、字母和数字等取代指令代码（如ADD表示加法运算）。计算机不能直接识别和执行符号语言的指令，那么就需要使用汇编程序把符号语言的指令转换成机器指令，转换的过程被称为“汇编”，因此，符号语言又称汇编语言。虽然汇编语言相较机器语言更加简单、好记，但对机器过分依赖，要求使用者必须对硬件结构及其工作原理都十分熟悉，因此也难以普及，只被计算机专业人员使用。

高级语言：为了克服低级语言的缺点，20世纪50年代创造出了第一门计算机高级语言——FORTRAN语言。它接近人们使用的自然语言和数学语言，它的语句和指令使用英文单词表示，运算符和表达式与人们日常使用的数学运算符、表达式类似，便于理解。高级语言是面向用户的语言，计算机不能直接识别，因此也要进行“翻译”，这就需要先使用编译程序把使用高级语言编写的程序（也称源程序）转换为机器指令（目标程序），然后让计算机执行，得到最终结果。

思考：C语言是机器语言、汇编语言还是高级语言呢？

1.1.2 C语言的发展

1972年，美国贝尔实验室的D.M.Ritchie在B语言的基础上设计出了C语言。最初的C语言是为了提供一种工作语言来描述和实现UNIX操作系统而设计的。

1973年，Ken Thompson和D.M.Ritchie用C语言改写了UNIX操作系统的90%以上的代码，即UNIX第5版。随着UNIX操作系统的广泛使用，C语言也迅速得到了推广。

1978年以后，C语言先后被应用到大、中、小和微型计算机上，C语言很快便风靡全球，成为当时世界上应用最广泛的高级语言。

1983年，美国国家标准协会（American National Standards Institute，ANSI）根据C语言的各种版本对C语言进行了扩充，制定了第一个C语言标准草案。

1989年，ANSI公布了完整的C语言标准——ANSI X3.159-1989（简称ANSI C或C 89）。

1990 年，国际标准化组织（ISO）接受 C 89 作为国际标准 ISO/IEC 9899:1990，它和 ANSI 的 C 89 基本上是相同的。

1999 年，ISO 对 C 语言标准进行修订，在基本保留原来的 C 语言特征的基础上，针对应用的需要，增加了一些功能，尤其是 C++的相关功能，并在 2001 年和 2004 年先后进行了两次技术修正。

任务 1.2　C 语言的特点

C 语言是一门应用广泛、功能强大、使用灵活的过程性编程语言。自 20 世纪 90 年代初在我国推广以来，学习和使用 C 语言的人越来越多。

C 语言主要有以下几个特点：

① 语言简洁、紧凑，使用方便、灵活。

② 运算符丰富。

③ 数据类型丰富。

④ 具有结构化的控制语句。

⑤ 语法限制不太严格，程序设计自由度大。

⑥ 允许直接访问物理地址，能进行位操作，能实现汇编语言的大部分功能，可以直接对硬件进行操作。

⑦ 程序的可移植性好。

⑧ 生成的目标代码质量高，程序执行效率高。

任务 1.3　C 语言的开发环境

1.3.1　编辑器、编译器与集成开发环境

众多商业公司、开源组织为 C 语言打造了开发环境，即 C 语言开发需要的工具和软件。首先，我们来看一看编辑器、编译器、集成开发环境的概念。

编辑器是用来编写代码的软件。一个好的编辑器可以帮助程序员快速、方便地完成代码编写工作。例如，记事本、UltraEdit 等都可以用来编写 C 语言源程序。

编译器是将源程序（如 C 语言源程序）编译生成可执行文件的软件。使用编辑器编写的 C 语言源程序不能直接运行，必须编译成可执行文件才能运行。

集成开发环境（Integrated Development Enviroment，IDE）是提供开发环境的应用软件，其内部提供了编辑器和编译器。常见的 IDE 有 Dev-C++、Turbo C、Visual C++、Visual Studio 系列等。本教材主要针对 Dev-C++ 做介绍。

1.3.2 Dev-C++5.11 下载与安装

Dev-C++（或者叫作 Dev-Cpp）是 Windows 环境下的一个轻量级 C/C++集成开发环境。它是一款自由软件，遵守 GPL 许可协议分发源代码。它集合了功能强大的源代码编辑器、MingW64/TDM-GCC 编译器、GDB 调试器和 AStyle 格式整理器等众多自由软件，适合在教学中供 C/C++语言初学者使用。

下面介绍在 Window10 操作系统中安装该软件，本教材选用 Dev-C++5.11 作为集成开发环境。

① 下载 Dev-C++5.11 。

② 双击安装包，弹出“Installer Language”对话框，选择安装语言为“English”，单击“OK”按钮，如图 1-1 所示。

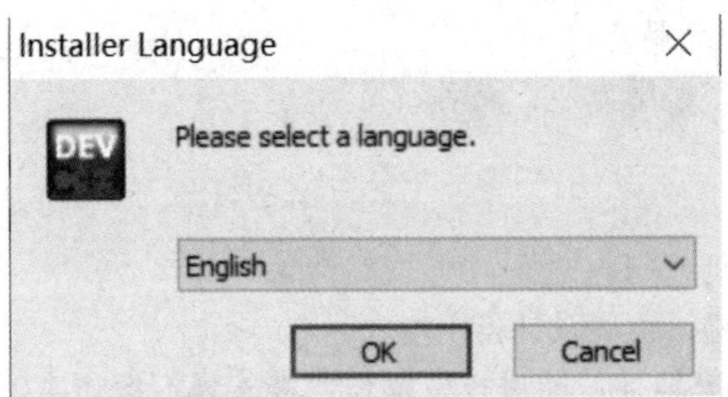

图 1-1 选择安装语言

③ 在“License Agreement”对话框（用于展示许可证协议）中单击“I Agree”按钮，表示接受许可证协议，如图 1-2 所示。

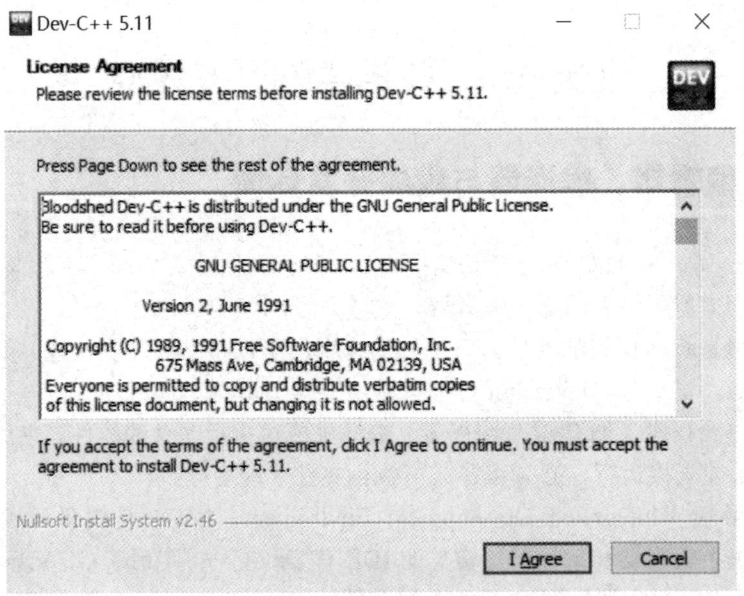

图 1-2 接受许可证协议

④ 在“Choose Components”对话框中选择安装组件。在“Select the type of install”后方选择“Full”选项，即安装所有组件，单击“Next”按钮，如图 1-3 所示。

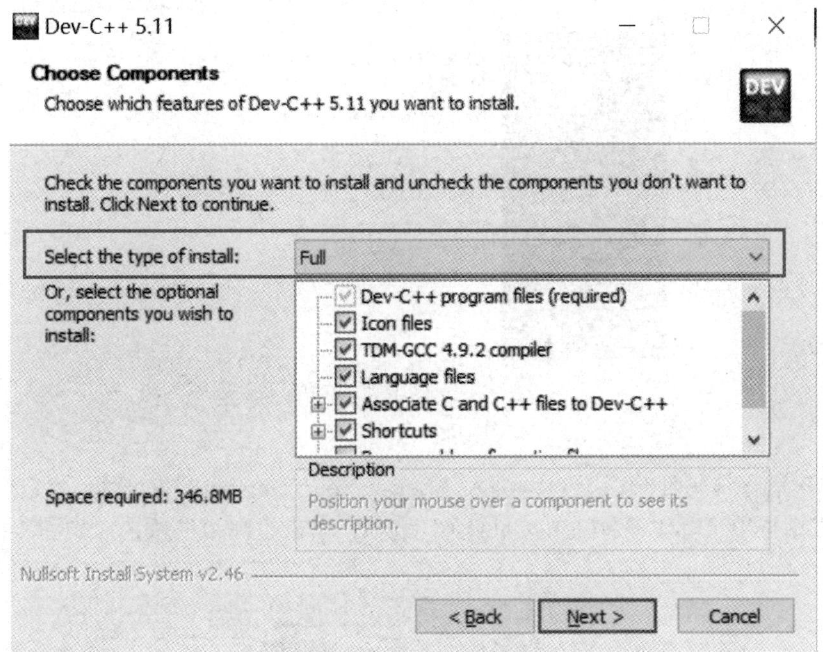

图 1-3　选择安装组件

⑤ 在“Choose Install Location”对话框中设置安装路径，可单击“Browse...”按钮自行选择安装路径，也可使用默认安装路径。单击“Install”按钮，开始安装 Dev-C++5.11，如图 1-4 所示。

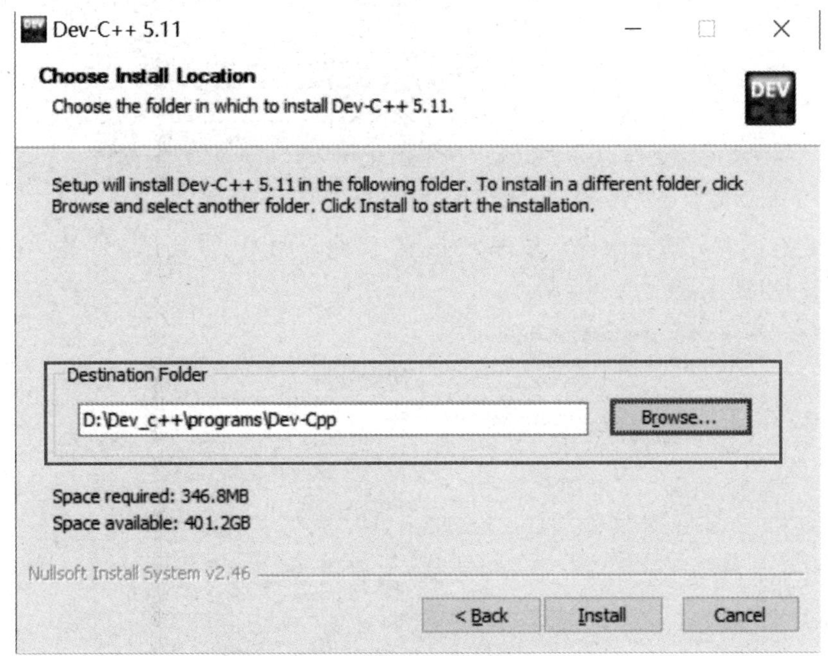

图 1-4　选择安装路径

⑥ 安装完成如图 1-5 所示，勾选“Run Dev-C++ 5.11”复选框，单击“Finish”按钮运行 Dev-C++ 5.11 。

图 1-5　安装完成

⑦ 在首次运行该软件时，会自动进入“Select your language”对话框。在“Select your language”对话框中选择“简体中文/Chinese”选项，单击“Next”按钮，如图 1-6 所示。

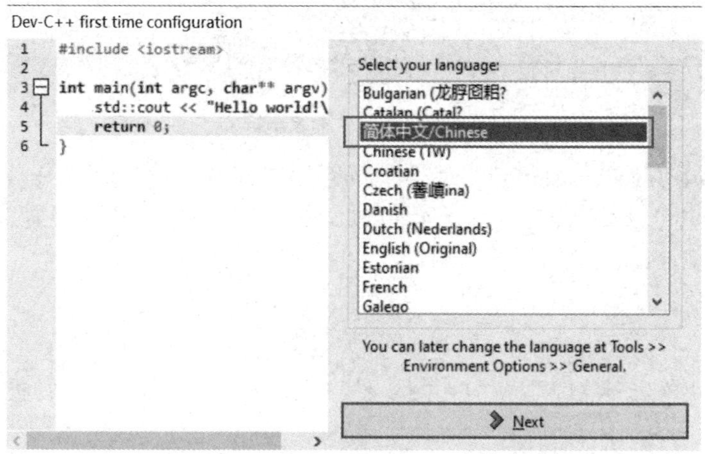

图 1-6　“Select your language”对话框

⑧ 根据自己的喜好选择主题，单击“Next”按钮，如图 1-7 所示。单击“OK”按钮完成配置，如图 1-8 所示。

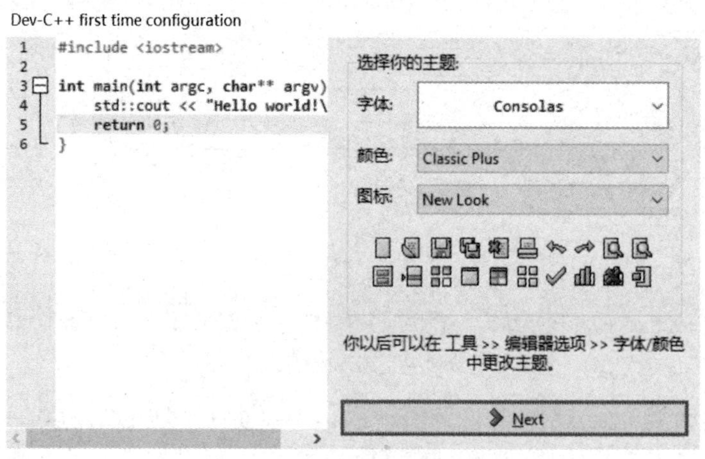

图 1-7　选择主题

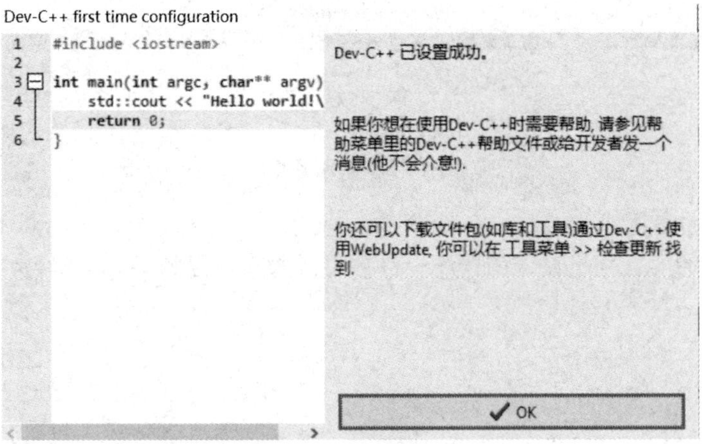

图 1-8　完成配置

至此，Dev-C++5.11 已经下载和安装完毕，Dev-C++5.11 界面如图 1-9 所示。

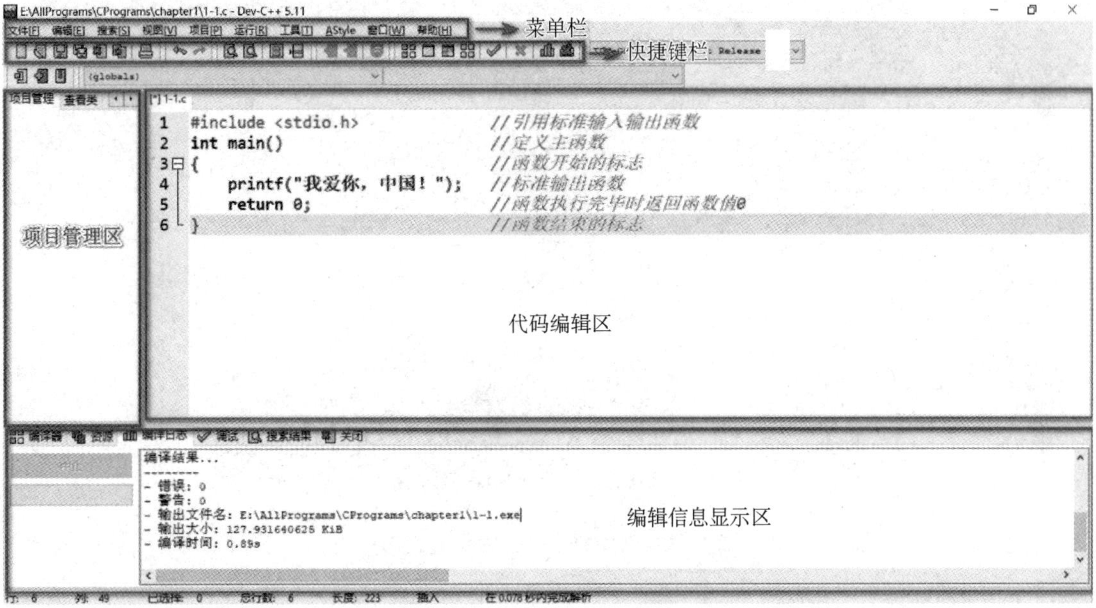

图 1-9　Dev-C++5.11 界面

任务 1.4　第一个 C 语言程序

在前面已经安装好了 Dev-C++5.11，下面使用 Dev-C++5.11 开发一个 C 语言程序。

【例 1-1】 在控制台输出“我爱你，中国！”。

【解题思路】 在主函数中用 printf 函数输出以上文字。

（1）新建源程序

依次单击“文件”→“新建”→“源代码”选项，新建源程序如图 1-10 所示。

图 1-10　新建源程序

（2）编辑 C 语言程序

将图 1-11 中的 6 行代码输入源程序中，并将源程序保存为 1-1.c 文件，如图 1-12 所示。

```
1-1.c
#include <stdio.h>                    //引用标准输入输出函数
int main()                            //定义主函数
{                                     //函数开始的标志
    printf("我爱你，中国！");          //标准输出函数
    return 0;                         //函数执行完毕时返回函数值0
}                                     //函数结束的标志
```

图 1-11　编辑 C 语言程序

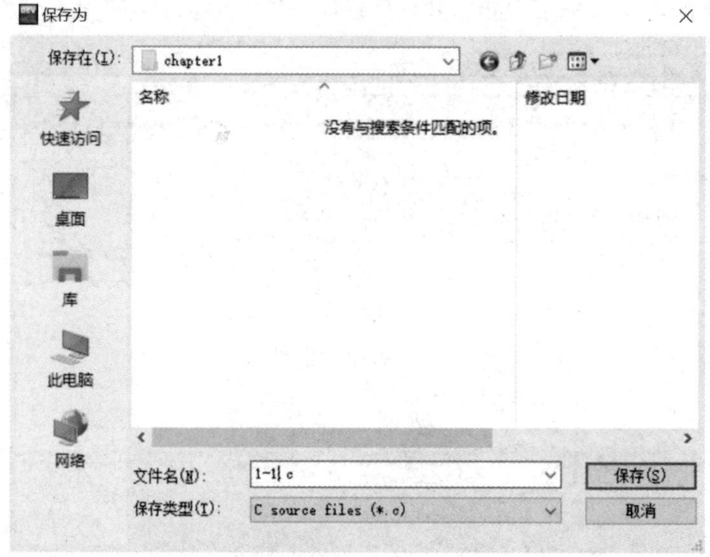

图 1-12　将源程序保存为 1-1.c 文件

（3）编译和运行

在软件工具栏中，图标表示编译；图标表示运行；图标表示编译和运行。在编译、运行时有两种方式：第一种先单击编译图标，再单击运行图标；第二种直接单击编译和运行图标。图标位置如图 1-13 所示。

图 1-13　图标位置

（4）查看运行结果

完成编译和运行之后，会弹出一个窗口显示运行结果，如图 1-14 所示。

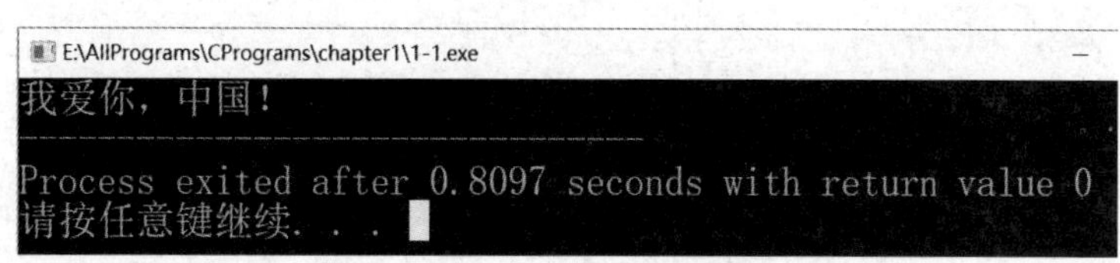

图 1-14　显示运行结果

【程序分析】

① 程序中第一行的“#include <stdio.h>”表示引用标准输入/输出函数，因为在第四行使用了 printf 函数（该函数是标准输出函数），因此需要在第一行引用 stdio.h 头文件，该头文件是由系统提供的。关于#include 指令会在后续课程中介绍，目前只需记住如果使用了标准输入/输出函数，则应该在程序的第一行加入“#include <stdio.h>”。

② 程序中第二行的“int main()”表示定义主函数，main 是函数的名字，表示“主函数”，是程序的入口；int 表示此函数的类型是 int 类型（即整型），在执行主函数后会得到一个值，该值为整型值。

③ 程序中第三行的“{”表示函数的开始标志；第六行的“}”表示函数的结束标志。两者相互对应，在“{}”内的代码属于主函数。

④ 程序中第四行的“printf("我爱你，中国！");”中，printf 是 C 语言编译系统提供的标准输出函数；双引号（英文字符）中的内容是要打印到控制台上的字符。

⑤ 程序中第五行的“return 0;”表示当函数执行结束时将整数 0 作为函数的返回值。该值的类型要与第二行的主函数前面的 int 类型一致。

每个 C 语言程序有且仅有一个主函数，函数体用“{}”括起来。主函数由系统调用，程序从主函数开始执行。

任务 1.5　C 语言编译运行原理

C 语言是计算机高级语言，无法被计算机直接识别，那么计算机如何理解 C 语言代码呢？其实，编写的*.c 源文件并不会被直接执行，而是经过预处理、编译、汇编和链接等步骤才生成可执行代码，编译过程如图 1-15 所示。

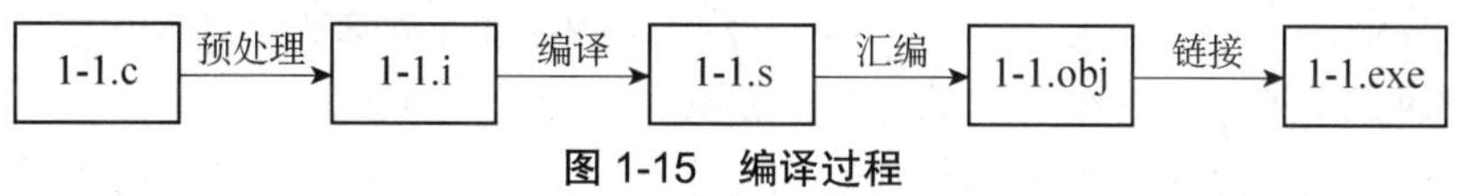

图 1-15　编译过程

（1）预处理

预处理主要处理代码中的以“#”开头的预处理语句。例如，“#include <stdio.h>”就是预处理命令，预处理会将 stdio.h 头文件的内容读取进来，取代“#include <stdio.h>”。预处理完成后，会生成预处理文件*.i 。

（2）编译

编译的作用是在对预处理文件*.i 进行词法分析、语法分析和语义分析后，生成汇编文件*.s。

（3）汇编

汇编的作用是将生成的汇编文件*.s 翻译成计算机能够识别的二进制文件，在 Windows 操作系统中是*.obj 文件，在 Linux 操作系统中是*.o 文件。

（4）链接

生成的二进制文件不能直接运行，还要经过链接操作，即将二进制文件与在代码中用到的库文件进行绑定，生成可执行文件*.exe。

任务 1.6　编程规范

在了解编程规范之前，首先了解两个概念——规则与规范。

规则：如果在 C 语言中不遵守编译器的规定，编译器在编译时就会报错，这个规定叫作规则。

规范：人为的、约定成俗的，即使不遵守规定也不会出错的规定叫作规范。

编写规范的代码，有以下几个好处：

① 看着很整齐、很舒服。假如将所有代码写在一起，没有缩进，那么看起来会非常吃力，且会给后期的维护工作带来麻烦。

② 不容易出错，排查错误方便。

虽然格式不会影响程序的功能，但会影响程序的可读性。程序的格式追求清晰、美观，格式是程序风格的重要构成元素。那么良好的编程规范有哪些呢？

（1）文件/变量名

① 文件/变量名建议使用英文名。

② 文件/变量名要见名知意，即要准确、清晰地表达其内容，同时文件/变量名要精炼，可以在文件/变量名中适当地使用缩写。

③ 文件扩展名使用小写字母，如.c、.h。

④ 文件/变量名采用小驼峰命名法命名，小驼峰命名法的命名方式是第一个单词的首字母为小写字母，从第二个单词开始，每个单词的首字母为大写字母。

（2）排版

① {和}分别占一行，位于同一列，并且与引用它们的语句保持左对齐。

② 程序块采用缩进风格编写，缩进的空格数为 4 个。

③ 相对独立的程序块之间、变量说明之后要加空行。

④ 一行只写一条语句。

⑤ 较长的语句或函数过程参数（超过 80 个字符）要分成多行语句书写。

⑥ 要在一些操作符后面加空格，如：a + b。

（3）注释

在编写代码时很容易忽视注释，正如人们常说的，代码是灵魂，注释是心声。为了代码的可维护性，注释一定不能少，需要注意以下两点：

① 注释形式统一：使用具有一致的标点和结构的样式来构造注释。

② 注释内容准确、简洁：内容要简单、明了、含义准确，防止注释的多义性。

【例 1-2】在控制台输出学校的校训。

【解题思路】在主函数中用 printf 函数输出学校的校训。

【程序代码】

1-2.c

```
#include <stdio.h>
int main()
{
    printf("经纬有序，德技双馨！");
    return 0;
}
```

【运行结果】

E:\AllPrograms\CPrograms\chapter1\1-2.exe

```
经纬有序，德技双馨！
--------------------------------
Process exited after 0.8169 seconds with return value 0
请按任意键继续. . .
```

进　阶　篇

任务 1.7　C 语言的其他集成开发环境

C 语言的集成开发环境除了 Dev-C++，还有 Turbo C、Visual C++、Visual Studio 系列等。

Turbo C 是由 Borland 公司开发的一套 C 语言程序开发工具，Borland 公司是一家专门从事软件开发、研制的大型公司。Turbo C 集成了程序编译、链接等多种功能。在 DOS 操作系统时代，Turbo C 是使用最广泛的一种应用程序开发工具，很多应用程序均是由 Turbo C 开发完成的。随着计算机及其软件的发展，操作系统已经从 DOS 发展到 Windows。Windows 操作系统的大部分应用程序已经不再使用 Turbo C 开发。

Visual C++（简称 MSVC 或 VC）是一款免费的 C++开发工具，具有集成开发环境，可提供 C、C++及 C++/CLI 等编程语言。Visual C++集成了便利的除错工具，特别是集成了微软公司的 Windows 视窗操作系统应用程序接口（Windows API）、DirectX API、.NET Framework。

Visual Studio（简称 VS）是微软公司的开发工具包系列产品。VS 是一个基本完整的开发工具集，它包括了整个软件生命周期需要的大部分工具，如 UML 工具、代码管控工具、集成开发环境（IDE）等。所写的目标代码适用于微软公司开发的大部分平台，包括 Microsoft Windows、Windows Mobile、Windows CE、.NET Framework、.NET Compact Framework、Microsoft SilverLight 及 Windows Phone。

任务 1.4 介绍了使用 Dev-C++5.11 开发一个 C 语言程序的方法，但是当一个项目由多个源程序构成时，就需要新建一个项目。使用 Dev-C++5.11 新建一个项目的具体步骤如下。

（1）新建项目

先打开 Dev-C++5.11，依次单击“文件”→“新建”→“项目”选项，如图 1-16 所示，然后选中“Console Application”和“C 项目”，名称设为“chapter1”，选择保存路径，如图 1-17 和图 1-18 所示。

图 1-16　新建项目

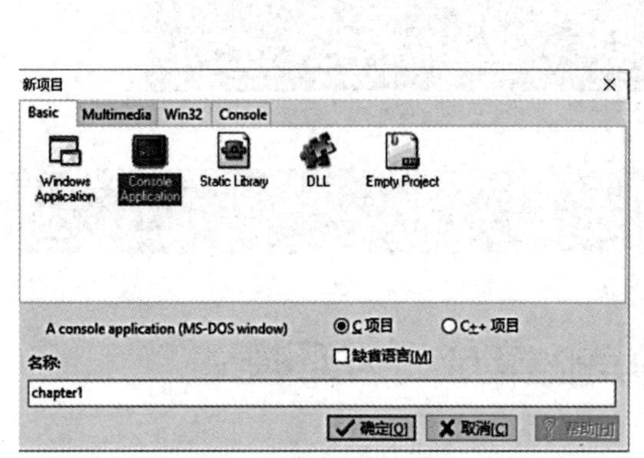

图 1-17　选择项目类型

图 1-18　选择保存路径

（2）新建源程序

选中项目，单击鼠标右键，选择“New File”选项，在项目中新建源程序，如图 1-19 所示。

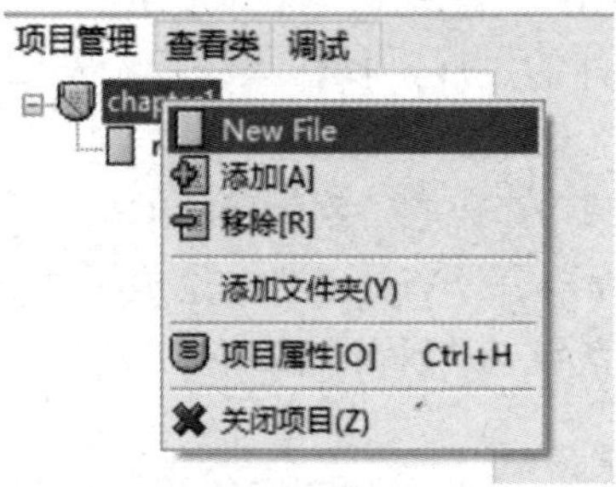

图 1-19　新建源程序

（3）编辑 C 语言程序

将例 1-1 中的程序代码输入源程序中，并保存为 1-1.c 文件。

（4）编译、运行

编译、运行与任务 1.4 相同。

（5）查看运行结果

查看运行结果的方式与任务 1.4 中的方式相同。

提　高　篇

任务 1.8　程序设计与算法

1.8.1　什么是算法

一个程序主要包括以下两个方面：

① 对数据的描述。在程序中指定用到的数据、数据类型和组织形式，这就是数据结构（Data Structure）。

② 对操作的描述。提供计算机进行操作的步骤，即算法（Algorithm）。

数据是操作的对象，操作的目的是对数据进行加工和处理，以得到期望的结果。作为程序设计人员，必须认真考虑和设计数据结构和操作步骤（即算法）。著名的计算机科学家沃思提出过一个公式：

算法+数据结构=程序

直到今天，这个公式仍适用于过程化程序。

实际上，过程化程序除了包括以上两个方面，还应采用结构化程序设计方式进行程序设计，并且用某一种计算机语言进行表示。因此，算法、数据结构、结构化程序设计方法和计算机语言都是程序设计人员应具备的知识。在这四个方面中，算法是灵魂，数据结构是加工对象，计算机语言是工具，合适的结构化程序设计方法在编程过程中是必不可少的。

很多人认为只有涉及“计算”的问题才会用到算法，但从广义上说，算法是为解决一个问题而采取的方法和步骤。例如，学校举办一场党史竞答活动，那活动策划书就可以称为该活动的“算法”。

计算机中的算法可分为两大类别：数值运算算法和非数值运算算法。数值运算的目的是求数值的解，例如，数值的平方。非数值运算涉及的面十分广泛，例如，将一批党员的名字进行排序等。目前，计算机在非数值运算方面的应用远远超过了在数值运算方面的应用。

1.8.2　算法特征

一个有效的算法应具备以下几个特征。

① 有穷性：一个算法应包含有限的操作步骤。这里的“有穷性”是指在合理的范围之内，例如，一个算法要运算 10 年才能结束，虽然它是有穷的，但是超出了合理范围，因此不会被使用。

② 确定性：算法的每一个步骤都是确定的，而不是含糊不清、模棱两可的。例如，通知下午开会，但是并没有说明具体的地点、时间，这是不可取的。

③ 有零个或多个输入。输入指在执行算法时需要从外界取得的必要信息。例如，计算 $1+2+\cdots+n$，需要先输入 n 的值，才能得到 $1+2+\cdots+n$ 的值。

④ 有一个或多个输出。算法的目的是求解，“解”就是输出的结果。例如，计算 1+2+…+n 的值，输出的就是求和的结果。

⑤ 有效性。算法的每一个步骤都应当被有效地执行，并得到确定的结果。例如，10/0 是不能被有效执行的。

1.8.3 算法的表示

算法的表示是指遇到需要解决的问题时，通过思考得出解决的办法，结合编程思想，用算法将解决问题的方案表示出来。常用的表示方法有 4 种：自然语言、流程图、N-S 流程图和伪代码。

（1）自然语言

使用自然语言表示算法，就是使用自然语言描述问题的求解思路与过程。例如，使用自然语言判断某年是否为闰年的思路是：年份能被 4 整除但不能被 100 整除，或者能被 400 整除，则为闰年。由于自然语言不太严格，且存在二义性，因此一般不使用自然语言表示算法。

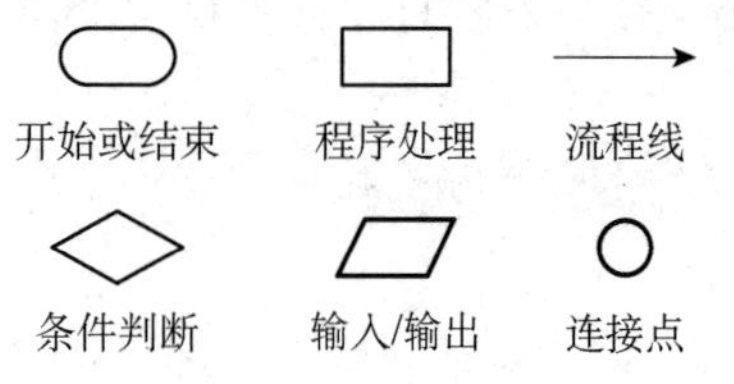

图 1-20 流程图的框图

（2）流程图

流程图的功能是用框图表示操作。流程图简单、直观，并且易于理解，是使用最广泛的算法表示方法。流程图的框图如图 1-20 所示。

图 1-20 中的各个框图表示的含义如下：

- 开始或结束：使用圆角矩形表示，用于标识流程的开始或结束。
- 程序处理：使用矩形表示，它代表程序的处理功能，如算术运算和赋值运算等。
- 流程线：使用实心单向箭头表示，可以连接不同位置的框图。
- 条件判断：使用菱形表示，它的作用是对条件进行判断，根据条件是否成立来决定后续的操作。
- 输入/输出：使用平行四边形表示，可以在平行四边形内部写明输入或输出的内容。
- 连接点：使用圆形表示，用于延续流程图。

可使用流程图来判断某年是否为闰年，如图 1-21 所示。

（3）N-S 流程图

1973 年，美国学者艾克・纳西和本・施奈德曼提出了一种新的流程图，这种流程图完全去掉了流程线，算法的每个步骤都用一个矩形描述，把一个个矩形按执行的次序连接起来就是一个完整的算法。这种流程图用两位学者名字的首字母的组合来命名，被称为 N-S 流程图，如图 1-22 所示。

（4）伪代码

伪代码使用介于自然语言和计算机语言之间的文字和符号来描述算法。伪代码没有固定格式，不用拘泥于具体的实现过程，使用接近自然语言的形式将整个算法运行过程的结构表述出来即可。判断闰年的伪代码如下所示：

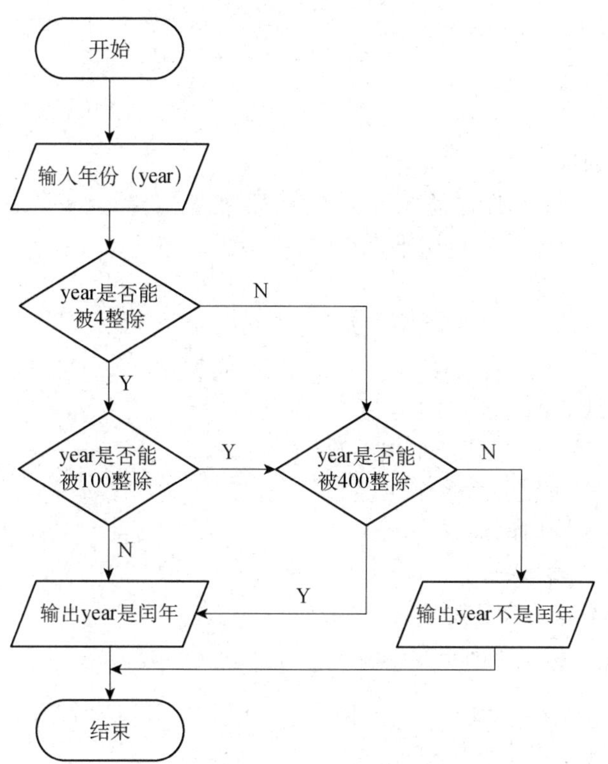

图 1-21　判断某年是否为闰年的流程图

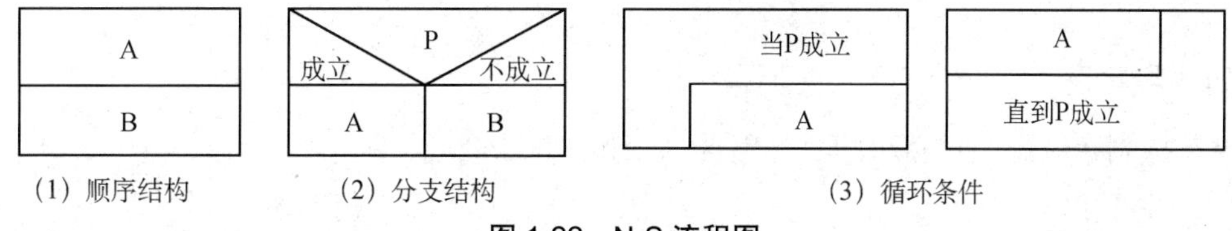

图 1-22　N-S 流程图

```
begin
     输入 n
     if n%4 ==0 并且 n %100 != 0 或者 n%400 == 0
          then n 是闰年
     else
          n 不是闰年
end
```

思考练习

一、填空题

1．计算机语言可分为机器语言、___________、___________三大类。

2．C 语言中源文件的后缀名为___________。

3．如果在程序中使用 printf 函数，应该包含___________头文件。

4．C 语言程序在 Windows 平台下经过预处理、编译、汇编、链接生成的可执行文件的后缀是__________。

二、选择题

1．C 语言属于下列哪类计算机语言？（　　）

A．汇编语言　　B．高级语言　　C．机器语言　　D．以上均不属于

2．下列选项中，哪一个选项可用于多行注释？（　　）

A．//　　B．\\　　C．/**/　　D．以上均不属于

3．下列选项中，不属于算法的特征的是（　　）。

A．确定性　　B．有效性　　C．有穷性　　D．无穷性

4．下列关于主函数的说法正确的是（　　）。

A．一个 C 语言程序只能包含一个主函数

B．一个 C 语言程序可以包含多个主函数

C．主函数只能包含输出语句

D．主函数只能包含输入语句

5．下列哪个选项不能用来开发 C 语言？（　　）

A．Dev-C++　　B．Visual Studio　　C．VMware　　D．Visual C++

三、简答题

1．请简述 C 语言的特点。

2．请简述算法的特征。

四、编程题

请在控制台输出一句话，即“冬奥会：一起向未来！”。

项目二　顺序结构程序设计

知识目标

- 掌握C语言基本字符、标识符、关键字
- 掌握C语言数据类型
- 掌握C语言常量及变量
- 掌握C语言运算符及表达式
- 掌握C语言顺序结构程序设计
- 掌握C语言的格式化输入/输出函数

技能目标

- 学会基本数据类型的表示方法
- 学会变量和常量的定义和初始化
- 学会运算符的运算规则及表达式的用法
- 学会设计顺序结构程序
- 学会使用格式化输入/输出函数

素质目标

- 培养良好的程序设计职业道德
- 培养严谨、认真和实事求是的科学态度

通过项目一的学习，我们对C语言有了一定认识。在调试代码时可能会遇到很多挫折，面对挫折，我们永远不能低头。在程序中，数据是如何存储的呢？带着这一问题，我们继续学习C语言。本项目将通过几个任务介绍C语言的基本字符、标识符、关键字、数据类型、常量、变量、运算符、表达式、顺序结构程序设计等知识点，这些是以后深入学习C语言的重要基础。

基 础 篇

任务 2.1　基本字符、标识符、关键字

2.1.1　基本字符

C 语言程序是由 C 语言的基本字符按一定的规则组成的一个序列。C 语言的基本字符包括数字字符（0～9）、大小写英文字母（a～z，A～Z）、其他可显示的字符（!、#、%、^、&、*、_、+、=、~、<、>、/、\、. 、, 、: 、; 、? 、‘、( ) 、[ ] 、{ }）、空白字符（空格符、换行符、制表符等）。

空白字符可在程序中起分隔其他字符的作用，程序中的空白字符通常不会影响程序。在编写程序时，通常利用空白字符的这种性质，把程序内容排列成适当的格式，以提高程序的可读性。

2.1.2　标识符

标识符是用来标识某个实体的符号，如函数的名字、变量的名字等都是标识符。

C 语言的标识符分为系统标识符（关键字）、预定义标识符和用户定义标识符三类。

系统标识符是 C 语言的关键字，包括数据类型标识符（如 int、double、char 等）、存储类别标识符（如 auto、static 等）、流程控制标识符（如 if、for、return、break 等）和长度运算符（如 sizeof）。

预定义标识符是由系统预先定义的标识符，如系统常量名（NULL 等）、库函数名（printf、scanf、sqrt 等）。

用户定义标识符是用户在程序中使用的标识符。用户定义标识符必须遵循标识符的命名规则。

标识符的命名规则：以字母或下画线开头，由字母、数字、下画线组成。

例如，b-a、5b、int 都是不合法的用户定义标识符，b、_12、A 都是合法的用户定义标识符。

注意：用户定义标识符不能与系统提供的关键字同名，如 int、float 等都不能作为用户定义标识符。

标识符区分字母大小写，如 Sum 和 sum 是两个不同的标识符。

标识符的命名应做到见名知意，例如，求和使用 sum、求平均值使用 average 等。

预定义标识符不是 C 语言的关键字，可以作为用户定义标识符使用，但不建议使用。

2.1.3　关键字

由系统预先定义的标识符被称为关键字，也称保留字，它有特殊的含义，不能作为其他

标识符使用。C 语言有 32 个关键字，如表 2-1 所示。

表 2-1　关键字

数据类型标识符	char	const	double	enum	float
	int	long	short	signed	struct
	typedef	union	unsigned	void	volatile
存储类别标识符	auto	extern	register	static	
流程控制标识符	break	case	continue	default	do
	else	for	goto	if	return
	switch	while			
长度运算符	sizeof				

任务 2.2　数据类型

数据类型是指数据在内存中的表现形式，不同的数据类型在内存中的表现形式是不同的，其在内存中所占的字节数也是不同的。在 C 语言中，数据类型可分为基本类型、构造类型、指针类型和空类型，如图 2-1 所示。

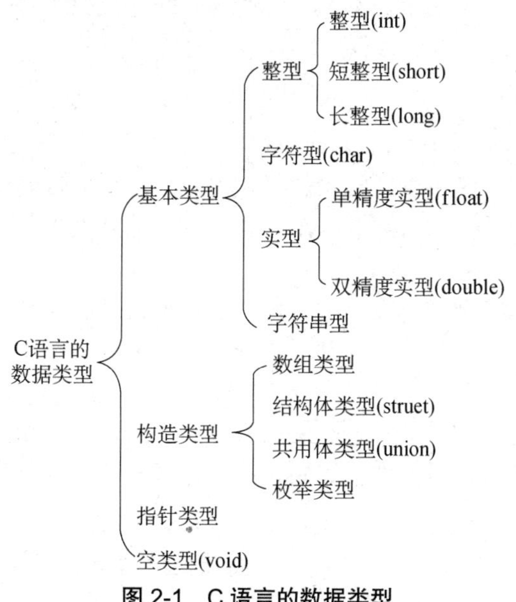

图 2-1　C 语言的数据类型

2.2.1　基本类型

基本类型最主要的特点是它不可以再分解为其他类型。

2.2.2 构造类型

构造类型是根据已定义的一个或多个数据类型，用构造方法定义的类型。一个构造类型的值可以分解成若干个成员或元素，每个成员又是一个基本类型或一个构造类型。在 C 语言中，构造类型有数组类型、结构体类型、共用体（联合）类型和枚举类型四种。

2.2.3 指针类型

指针类型是一种特殊的、具有重要作用的数据类型，其值可用来表示某个变量在存储器中的地址。虽然指针变量的取值类似于整型变量，但它们的取值却是两个类型完全不同的值，不能混为一谈。

2.2.4 空类型

在调用函数时，通常向调用者返回一个函数值，这个函数值有自己的数据类型。但有一类函数，在调用后并不需要向调用者返回函数值，这类函数被定义为空类型，其类型说明符为 void。

任务 2.3 常量及变量

2.3.1 常量

在程序中使用的数据，既可以以常量的形式出现，也可以以变量的形式出现。在程序运行过程中，值保持不变的量被称为常量。在 C 语言中，常量是有类型的，常量的类型不需要事先说明，而是默认的。

常量按数据类型分为整型常量、实型常量、字符型常量和字符串常量四种，常量按表现形态分为直接常量和符号常量两种。

1．整型常量及其表示

整型常量有十进制整型常量、八进制整型常量和十六进制整型常量三种。在每一种常量后加小写字母 l 或大写字母 L 可得到十进制长整型常量、八进制长整型常量和十六进制长整型常量。

① 十进制整型常量：用数字（0～9）、正负号表示的十进制常量。如 23、−9 等都是十进制整型常量。

② 十进制长整型常量：在十进制整型常量后面加小写字母 l 或大写字母 L 表示的常量。如 43L 是十进制长整型常量。

③ 八进制整型常量：以数字 0 开头，用数字（0～7）、正负号表示的八进制常量，开头的数字 0 表示该常量为八进制常量。如 037、−065 等都是合法的八进制整型常量，而 039 是不合法的八进制整型常量，因为 039 中有数字 9。

④ 八进制长整型常量：在八进制整型常量后面加小写字母 l 或大写字母 L 表示的常量。如 037l、-065L 等都是八进制长整型常量。

⑤ 十六进制整型常量：以数字 0、小写字母 x 或大写字母 X 开头，用数字（0～9）、小写字母（a～f）、大写字母（A～F）、正负号表示的十六进制常量，0x 代表该常量为十六进制整型常量。如 0xb6、0X47、-0X26 等都是十六进制整型常量；而 0xbh、3f 等都不是合法的十六进制整型常量，因为 0xbh 里有符号 h，3f 前没有 0x。

⑥ 十六进制长整型常量：在十六进制整型常量后面加小写字母 l 或大写字母 L 表示的常量。如 0xbbl、0x53L 等都是十六进制长整型常量。

2．实型常量及其表示

实型常量分为十进制小数形式（定点形式）和指数形式（浮点形式）两种。

① 十进制小数形式（定点形式）：由数字（0～9）、正负号和小数点（必须有小数点）组成的十进制小数形式的实数。如 2.13、−0.168、0.0、0.、.5 等都是十进制小数形式的实数。

② 指数形式（浮点形式）：由尾数、小写字母 e 或大写字母 E、阶码三部分组成，其中尾数为十进制小数或整数，阶码为−308～308 的十进制整数。如 2.15148e2 表示十进制数 2.15148×10^{2}，21514.8E−2 表示十进制数 21514.8×10^{-2}，它们都表示十进制小数 215.148；1e04 表示十进制数 1×10^{4}，尾数 1 不能省略。E04、−2e213 中的阶码是 3 位数的整数，超过了阶码的范围。

3．字符型常量及其表示

C 语言中的字符型常量代表 ASCII 字符集里的 1 个字符，在程序中要用单撇号引起来，以便与程序中用到的其他字符区分。在 ASCII 字符集中，除大多数可在屏幕上显示的字符外，还有 32 个控制字符，C 语言规定这 32 个控制字符可以用转义字符来表示，当然其他字符也可以用转义字符来表示。

用单引号引起来的单一字符（包括转义字符）被称为字符型常量。如“b”“B”“4”“\n”“\101”等都是字符型常量，其中“\n”“\101”都是转义字符。“'”“\”都是不合法的字符型常量，单引号和反斜杠必须用转义字符表示。

以反斜杠（\）开头，后跟 1 个规定的字符或数字，以此来表示 1 个字符的表示形式被称为转义字符。

转义字符有以下 4 种形式：

① 以反斜杠（\）开头，后跟 1 个规定的字符，代表 1 个控制字符。

② \\代表反斜杠字符“\”，\'代表单引号字符“'”。

③ 以反斜杠开头，后跟 1～3 位八进制数，代表 ASCII 值为该八进制数的字符（此方法可表示 ASCII 字符集中的任意字符）。

④ 以反斜杠和小写字母 x 开头，即以\x 开头，后跟 1～2 位十六进制数，代表 ASCII 值为该十六进制数的字符（此方法也可用于表示 ASCII 字符集中的任意字符）。转义字符及其含义如表 2-2 所示。

表 2-2　转义字符及其含义

字符形式	含义	ASCII 值（十进制数）
\a	响铃	7
\b	退格（将光标往前移一列）	8

续表

字符形式	含义	ASCII 值（十进制数）
\t	水平制表（横向跳格到下一个制表区）	9
\n	回车换行（将光标移到下一行开头）	10
\v	垂直制表（竖向跳格）	11
\f	换页（将光标移到下页开头）	12
\r	回车（将光标移到本行开头）	13
\"	双引号字符“"”	34
\'	单引号字符“'”	39
\?	问号字符“?”	63
\\	反斜杠字符“\”	92
\0	空字符	0
\ddd	ddd 为 1～3 位八进制数，ddd 代表字符	需转换
\xhh	hh 为 1～2 位十六进制数，hh 代表字符	需转换

注意：

① \n 和\r 的区别在于，\n 是回车并换行，而\r 只回车但不换行。

② \t 的作用是横向跳格，屏幕的每一行都被分为 10 个制表区，每个制表区占 8 列。

③ \0 代表 ASCII 值为 0 的控制字符 NULL，即空操作。

④ 字符常量在内存中占 1 字节，以字符的 ASCII 值对应的二进制数存放。如“b”“\142”“\x62”都是合法的字符型常量，都代表字符 b；“\n”“\12”都代表回车并换行；“\39”“\x4g”都是不合法的字符型常量，因为“\39”中有数字 9，“\x4g”中有字符 g。

4．字符串常量及其表示

C 语言中的字符串常量代表 1 串字符，即 1 个字符串。在程序中要用双引号引起来，以便与程序中用到的其他标识符（如变量名、函数名等）区分。

用双引号引起来的字符序列被称为字符串常量，简称字符串。字符串中的字符个数被称为字符串长度。如“I Love China”“B”“She\153nk.\n”都是字符串常量，它们的长度分别为 12、1、8。注意：\153 和\n 都是转义字符，都只代表 1 个字符。

在 C 语言中，字符串是以字符串中每个字符的存储形式进行存储的，每个字符占 1 字节，系统会在字符串的结尾自动加上 1 个字符串结束标志“\0”，用以表明字符串的结束。所以，字符串的存储长度等于字符串长度加 1，即如果字符串长度为 n，则字符串的存储长度为 n+1。

5．符号常量

C 语言除了有上述的常量外，还有一种用标识符代表的常量，即符号常量。符号常量是用“宏定义”方式表示的常量。

可以使用如下的编译预处理命令在程序的开头定义符号常量：

```
#define  符号常量  常量
```

说明：

① 在编写程序时，可使用符号常量代替在程序中多次出现的常量，减轻编程的工作量；在编译程序时，把程序中所有出现符号常量的位置用常量的值代替。

② 在程序中多次使用的常量，通常被定义为符号常量。

③ 符号常量名通常用大写字母表示，以区别程序中的其他变量。

【例 2-1】使用符号常量求圆的周长。

【程序代码】

[*] 圆的周长.c

```
1  #include<stdio.h>
2  #define PI 3.1415926
3  main()
4  {
5     float r,c;
6     printf("请输入圆的半径：");
7     scanf("%f",&r);
8     c=2*PI*r;
9     printf("半径为%f的圆的周长是%f\n",r,c);
10 }
```

【运行结果】

D:\程序设计基础-C语言教材\程序设计基础-C语言\案例\圆的周长.exe

```
请输入圆的半径：5
半径为5.000000的圆的周长是31.415926

--------------------------------
Process exited after 5.56 seconds with return value 36
请按任意键继续. . .
```

【程序分析】

程序代码中的第 1 行是一条编译预处理命令，也称文件包含。由于程序中用到的函数 printf 和 scanf 的有关信息都在头文件 stdio.h 中，所以先通过该命令使头文件 stdio.h 中的信息包含到程序中，才能正确调用这两个函数。

程序代码中的第 2 行用#define 定义了一个符号常量 PI，它代表常量 3.1415926，经编译预处理后，该文件中所有出现 PI 的位置（第 8 行）都用常量 3.1415926 代替。

由此可以看出，符号常量可以减轻程序输入的工作量。另外，如果想把程序代码中的 PI 用 3.14 代替，只需把编译预处理命令“#define PI 3.1415926”修改为“#define PI 3.14”，不必对整个程序进行修改。所以，使用符号常量便于对程序做修改，给程序设计带来了很大的便利。

2.3.2 变量

变量是在程序运行过程中，值可以改变的量。C 语言规定，在使用变量之前要进行类型定义，即“先定义，后使用”。原因在于不同类型的数据在内存中的存储空间不同；不同类型的数据的取值范围不同；不同类型的数据所允许的操作不同。所以，如果不先定义变量，系统就不知道如何为变量分配存储空间、允许变量进行哪些操作。

1．变量的定义

```
[类别标识符]  类型标识符    变量名表;
```

其中，方括号中的内容是可选的内容。

① 类别标识符用来说明变量名表中变量的存储类别（存储机构、生存周期、作用域），类别标识符包括 auto（自动）、register（寄存器）、static（静态），默认为 auto。

② 类型标识符用来说明变量名表中变量的数据类型（存储长度、取值范围、允许的操作），类型标识符包括 short（短整型）、int（基本整型）、long（长整型）、float（单精度实型）、double（双精度实型）、char（字符型）等。

③ 变量名表由一个或多个变量组成，变量之间用逗号分隔，变量名必须是 C 语言的合法标识符。

④ 定义变量后，在编译或程序运行时，系统将为变量分配相应字节的存储空间，分配的存储空间大小与变量的类型有关。

例如，“int a,b,c;”定义了 3 个变量 a、b、c，都是基本整型变量、自动变量，在程序运行期间为这 3 个变量分配存储空间。

例如，“static double i,j;”定义了 2 个变量 i、j，都是双精度实型变量、静态变量，在程序运行时为这两个变量分配存储空间。

2．变量的赋值

定义变量后，可以采用数据输入的方法（后期会学到函数的调用）给变量一个确定的值，也可以采用下面介绍的赋值方法。

为变量赋值的一般格式如下：

```
变量=表达式
```

其中，“=”为赋值号，赋值号左端是变量，右端是任意表达式。整个表达式被称为赋值表达式，赋值表达式的作用是把表达式的值赋给变量。

变量赋值的作用：把赋值号右端的表达式的值赋给赋值号左端的变量，即把赋值号右端的表达式的值写到赋值号左端的变量的存储空间中。

例如，“a=c+3;”把 c+3 的值赋给变量 a，此时变量 a 必须有确定的值。

3．变量的初始化

在定义变量时给变量赋值，被称为变量的初始化。

例如，“int b=3,c;”在定义变量 b、c 的同时给变量 b 赋值为 3，是对变量 b 进行初始化。

例如，“int b,c;b=4;”先定义两个变量 b、c，然后给变量 b 赋值为 4，不是变量的初始化。

虽然上面两个例子的执行效果相同，但前者对变量 b 进行了初始化，而后者给变量 b 赋值。

4．整型变量

（1）整型变量的类型。

整型变量的类型有基本类型（简称整型）、短整型和长整型 3 种，它们的类型标识符分别是 int、short、long。每一种类型分为有符号和无符号两种，有符号用 signed 标识，无符号用 unsigned 标识，在无类型标识符的情况下，系统默认整型变量有符号。细分整型变量的类型共有 6 种，具体如下。

有符号基本类型：[signed] int。

无符号基本类型：unsigned [int]。

有符号短整型：[signed] short。

无符号短整型：unsigned short。

有符号长整型：[signed] long。

无符号长整型：unsigned long。

例如，“int i,j;”定义的变量 i、j，都是整型变量、自动变量。

例如，“unsigned long a,b;”定义的变量 a、b，都是无符号长整型变量、自动变量。

（2）整型变量在内存中的存储形式

变量在内存中所占的字节数被称为变量的存储长度。

Dev-C++规定短整型变量在内存中占 2 字节，整型变量和长整型变量在内存中占 4 字节。

短整型变量在内存中是以 16 位二进制数的补码形式存储的，最高位表示变量的符号，被称为符号位。当符号位为 0 时，表示该变量的值是正数；当符号位为 1 时，表示该变量的值是负数。

整型变量和长整型变量在内存中是以 32 位二进制数的补码形式存放的，同样地，最高位表示变量的符号。

unsigned 型变量以其相应类型的位数的二进制数的补码形式存放，没有符号位，所有二进制位都用来表示数值。

（3）整型变量的取值范围

整型变量的取值范围如表 2-3 所示。

表 2-3　整型变量的取值范围

类型	字节数	取值范围
[signed] short	2 字节	−32768～32767（-2^{15}～$2^{15}-1$）
unsigned short	2 字节	0～65535（0～$2^{16}-1$）
[signed] int	4 字节	−2147483648～2147483647（-2^{31}～$2^{31}-1$）
unsigned [int]	4 字节	0～4294967295（0～$2^{32}-1$）
[signed] long	4 字节	−2147483648～2147483647（-2^{31}～$2^{31}-1$）
unsigned long	4 字节	0～4294967295（0～$2^{32}-1$）

【例 2-2】已知两个变量 a 和 b，求它们的和。

【程序代码】

```c
#include"stdio.h"
main()
{
    int a,b,z;
    a=2;
    b=3;
    z=a+b;
    printf("a+b=%d\n",z);
}
```

【运行结果】

```
D:\程序设计基础-C语言教材\程序设计基础-C语言\案例\求和.exe
a+b=5

--------------------------------
Process exited after 0.5665 seconds with return value 6
请按任意键继续. . .
```

5．实型变量

（1）实型变量的类型

实型变量的类型主要有单精度实型和双精度实型两种，它们的类型标识符分别是 float（单精度实型）和 double（双精度实型）。实型变量都是有符号的。

例如，“double a,b;”定义了两个双精度实型变量 a、b。

（2）实型变量的存储长度、取值范围和精度

实型变量的存储长度、取值范围和精度见表 2-4。

表 2-4　实型变量的存储长度、取值范围和精度

类型	存储长度	取值范围	精度（有效数字）
float	4 字节	＋（3.4×10^{-38}～3.4×10^{38}） －（3.4×10^{-38}～3.4×10^{38}）	6～7 位
double	8 字节	＋（1.7×10^{-308}～1.7×10^{308}） －（1.7×10^{-308}～1.7×10^{308}）	15～16 位

【例 2-3】已知圆的半径，求圆的面积。

【程序代码】

```
#include"stdio.h"
 main()
 {
   float r=1.5,pi,area;
   pi=3.14;
   area=pi*r*r;
   printf("area=%f\n",area);
 }
```

【运行结果】

```
D:\程序设计基础-C语言教材\程序设计基础-C语言\案例\圆的面积.exe
area=7.065000

--------------------------------
Process exited after 0.1478 seconds with return value 14
请按任意键继续. . .
```

6．字符型变量

（1）字符型变量的类型

```
有符号字符型：[signed]char
无符号字符型：unsigned char
```

例如，“char i,j;”定义 i、j 为有符号字符型变量，“unsigned char a;”定义 a 为无符号字符型变量。

说明：字符型变量只能存储一个字符，而不能存储字符串，字符串必须存储在字符数组中，或用字符指针指向其地址。

（2）字符型变量的存储形式及取值范围

字符型变量在内存中占 1 字节，以其相应的 ASCII 值的 8 位二进制数的补码形式存储。char 型变量的取值范围是−128～127，unsigned char 型变量的取值范围是 0～255，每个数值对应一个字符。

例如，b 的 ASCII 值为 98，98 对应的 8 位二进制数为 01100010，所以字符 b 在内存中的存储形式如下：

0	1	1	0	0	0	1	0

另外，字符型变量可以当作整型变量处理，它可以作为整数参与运算，按整数形式输出；在 ASCII 值范围内的整数可以当作字符型变量来处理，按字符形式输出，即字符型变量与整型变量具有通用性。

【例 2-4】为字符变量赋予整数值。

【程序代码】

```
#include"stdio.h"
 main()
 {
   int m;
   char c;
   m='a';
   c=65;
   printf("%c,%d\n",m,m);
   printf("%c,%d\n",c,c);
}
```

【运行结果】

```
D:\程序设计基础-C语言教材\程序设计基础-C语言\案例\字符变量.exe
a,97
A,65

--------------------------------
Process exited after 0.3797 seconds with return value 5
请按任意键继续. . .
```

任务 2.4　运算符及表达式

2.4.1　运算符和表达式概述

（1）运算量

参加运算的对象被称为运算量，运算量包括常量、变量、函数等。

（2）运算符

用来表示运算的符号被称为运算符或操作符。

有 1 个运算量的运算符被称为单目运算符，有 2 个运算量的运算符被称为双目运算符，有 3 个运算量的运算符被称为三目运算符。

C 语言提供了丰富的运算符，利用它们可以解决各种复杂的问题，C 语言的运算符共有 13 类，如表 2-5 所示。

表 2-5　C 语言的运算符

运算符名	运算符	运算符名	运算符
算术运算符	+、−、*、/、%	强制类型转换运算符	（类型）
赋值运算符	=、+=、−=、*=、/=、%=、++、−−	长度运算符	sizeof
关系运算符	>、>=、<、<=、==、!=	下标运算符	[ ]
逻辑运算符	!、&&、||	指针运算符	*、&
条件运算符	? :	成员运算符	.、->
逗号运算符	,	其他运算符	( )
位运算符	<<、>>、~、|、^、&、<<=、>>=、|=、^=、&=		

（3）运算符的优先级别和结合方向

在学习运算符时，除了要清楚每个运算符的运算规则和作用外，还要注意运算符的优先级别和结合方向。

如果运算量两侧的运算符的优先级别不同，则先执行优先级别高的运算符。C 语言共有 45 个运算符，运算符的优先级别分为 15 级，按降序排列，级数越小的运算符，其优先级别越高。如 2+5×4，运算符“+”和“×”的优先级别不同，“×”的优先级别高于“+”，所以该表达式相当于 2+(5×4)，先计算 5×4（等于 20），再计算 2+20（等于 22），结果为 22。

如果运算量两侧的运算符的优先级别相同，则按运算符的结合方向的顺序进行处理。结合方向如下：左结合，即按自左向右的顺序进行处理；右结合，按自右向左的顺序进行处理。如 12÷3×2，在运算量两侧的运算符“÷”和“×”的优先级别是相同的，按从左向右的顺序进行处理，即 12÷3×2 等价于(12÷3)×2，而不等价于 12÷(3×2)，所以表达式 12÷3×2 的结果是 8，不是 2。

由于 C 语言中的很多运算符的优先级别是相同的，所以要时刻注意运算符的结合方向。

注意：C 语言中的同一优先级别的运算符的结合方向相同。

（4）表达式

表达式是用运算符把运算量连接起来的符合 C 语言语法规则的式子。

C 语言的表达式主要有算术表达式、关系表达式、逻辑表达式、赋值表达式、条件表达式和逗号表达式。

根据运算符的优先级别和结合方向，使用加括号的方法总能把一个表达式写成由某一运算符连接的表达式，如果这个运算符是算术运算符，就称该表达式为算术表达式；如果这个运算符是赋值运算符，就称该表达式为赋值表达式。如 x=1+y 等价于 x=(1+y)，该表达式为赋值表达式；x+2<y+3 等价于(x+2)<(y+3)，该表达式为关系表达式。

（5）表达式的值

表达式的值是表达式的运算结果。

C 语言中的每个表达式都有值，在学习表达式时要清楚表达式的值的概念，并能用正确的表达式来表示问题。

2.4.2 算术运算

1．单目算术运算（正、负号运算）

运算符：+（正，取原值）、-（负，取相反数）。

优先级别：+、-同级别，是第 2 级。

结合方向：均为右结合。

2．双目算术运算

运算符：+（加）、-（减）、*（乘）、/（除）、%（取模或取余）。

+、-、*、/的运算规则：与数学中的运算规则相同。

%的运算规则：对于 x%y，求 x 被 y 除得的余数，结果的符号与被除数 x 的符号相同。

优先级别：+、-是同级别的，都是第 4 级；*、/、%是同级别的，都是第 3 级，高于+、-的优先级别。

结合方向：均为左结合。

运算量的类型与结果类型：对于+、-、*、/这 4 种运算符，参与运算的两个运算量可以是整数，也可以是实数。如果两个运算量都是整数，则结果也是整数；如果两个运算量中至少有一个是实数，则结果也是实数。

例如，“int x=5,y=2;”，则 x+y 的结果为 7，x/y 的结果为 2，而不是 2.5。

例如，“double x=5.0,y=2.0;”，则 x+y 的结果为 7.0，x/y 的结果为 2.5。

C 语言的除法运算，有以下两方面的含义：一是当运算符两侧的运算量都是整数时，结果也是整数，此时为整除；二是当运算符两侧的运算量至少有一个是实数时，结果是实数。

对于取模运算，要求参加运算的两个运算量必须是整数，结果是整数。

例如，“int x=6,y=-6,z=4,d=-4;”，则 x%z 的结果为 2，y%z 的结果是-2，x%d 的结果为 2，y%d 的结果为-2，x%y 的结果为 0，y%x 的结果为 0，0%x 的结果为 0，0%y 的结果为 0。

因此，对一个正整数进行取模运算，不论除数是正数还是负数，结果都是非负数；对一个负整数进行取模运算，不论除数是正数还是负数，结果都是非正数；对 0 进行取模运算，结果还是 0，即结果的符号与被除数的符号相同。

2.4.3 关系运算

1．关系运算符

关系运算符有<、<=、>、>=、==、!=，分别称小于、小于或等于、大于、大于或等于、等于、不等于。

优先级别：前 4 种关系运算符的优先级别相同，都是第 6 级；后 2 种的优先级别相同，都是第 7 级。关系运算符的优先级别低于算术运算符，高于赋值运算符。

结合方向：均为左结合。

例如：

a>b+c 等价于 a>(b+c)：关系运算符的优先级别低于算术运算符。

a>c==b 等价于(a>c)==b：“>”的优先级别高于“==”。

a==c<b 等价于 a==(c<b)：“<”的优先级别高于“==”。

a=c>b 等价于 a=(c>b)：关系运算符的优先级别高于赋值运算符。

2．关系表达式及其值

用关系运算符将两个表达式（算术、关系、逻辑、赋值表达式等）连接起来的表达式被称为关系表达式。关系表达式有两个值，分别是 1 和 0。当关系表达式成立时，其值为 1；当关系表达式不成立时，其值为 0。

例如：

“int a=4,b=3,c=4;”，则关系表达式 a>b 的值为 1，关系表达式 b+c<a 的值为 0。另外，两个字符进行比较是对这两个字符的 ASCII 值进行比较。

“char i='A',j='a';”，则表达式 i>j 的值是对字符的 ASCII 值进行比较得到的，其值为 0。

2.4.4　逻辑运算

1．逻辑运算符

逻辑运算符有&&、||、!，分别是逻辑与、逻辑或、逻辑非，如表 2-6 所示。

优先级别：逻辑非“!”的优先级别是第 2 级，高于算术运算符；逻辑与“&&”的优先级别是第 11 级，逻辑或“||”的优先级别是第 12 级；逻辑与“&&”和逻辑或“||”的优先级别都低于关系运算符，高于赋值运算符。

结合方向：! 为右结合，&&、||为左结合。

运算规则：a&&b 的值为 1，表示当且仅当 a 与 b 的值均非零；a||b 的值为 0，表示当且仅当 a 与 b 的值均为零；! a 的值为 0，表示当且仅当 a 的值非零。

表 2-6　逻辑表达式及逻辑运算符

<table>
<tr><th>逻辑表达式 a</th><th>逻辑表达式 b</th><th>逻辑与</th><th>逻辑或</th><th>逻辑非</th></tr>
<tr><td>a</td><td>b</td><td>a&&b</td><td>a||b</td><td>!a</td></tr>
<tr><td>0</td><td>0</td><td>0</td><td>0</td><td>1</td></tr>
<tr><td>0</td><td>非零</td><td>0</td><td>1</td><td>1</td></tr>
<tr><td>非零</td><td>0</td><td>0</td><td>1</td><td>0</td></tr>
<tr><td>非零</td><td>非零</td><td>1</td><td>1</td><td>0</td></tr>
</table>

2．逻辑表达式

逻辑表达式：用逻辑运算符（逻辑与、逻辑或、逻辑非）把两个表达式连接起来的式子。

例如，有“int a=10,b=11,c=12;”，请分析下列几种情况：

求“a%2==0&&c%2==0;”，先求出“a%2==0”为真，再求出“c%2==0”也为真，得到整个逻辑表达式的结果为真。

求“a+b<c&&b+c>a;”，先求出“a+b<c”为假，因为进行的是逻辑与运算，所以不用再求“b+c>a”，得到整个逻辑表达式的结果为假。

求“a&&b||c”，先求 a 为真，再求 b 为真，则逻辑与运算的结果为真，由于后面进行的是逻辑或运算，故不用再求 c，得到整个逻辑表达式的结果为真。

求“ b+c||b-c||a”，先求“b+c”为真，由于后面进行的都是逻辑或运算，因此不用再求“b-c”和 a，得到整个逻辑表达式的结果为真。

求“!(a>b)&&!c||a>c”，先求“!(a>b)”为真，再求“!c”为假，则逻辑与运算的结果为假，最后求“a>c”为假，得到整个逻辑表达式的结果为假。

3．逻辑表达式

逻辑表达式的值只有 1 和 0。逻辑表达式进一步分为逻辑与表达式、逻辑或表达式和逻辑非表达式。

（1）逻辑与表达式

设 A、B 是两个表达式，如果表达式可通过逻辑运算符的优先级别和结合方向归为 A&&B 的形式，则称这个表达式为逻辑与表达式，简称与表达式。

逻辑与表达式的计算过程如下：对于逻辑与表达式，先计算逻辑与（&&）左端的表达式，当逻辑与左端的表达式的值为 0 时，不再计算逻辑与右端的表达式（说明逻辑与表达式的值一定为 0）；当逻辑与左端的表达式的值为非零值时，需要计算逻辑与右端的表达式。

例如：

```
int x=1,y=2;
--x&&(y=x+3);
printf("x=%d,y=%d\n",x,y);
```

“−x&&(y=x+3)”是逻辑与表达式，根据逻辑与表达式的计算过程，先计算逻辑与（&&）左端的表达式−x，得到 x 的值为 0，表达式−x 的值为 0。由于−x 的值为 0，因此不再计算逻辑与（&&）右端的表达式(y=x+3)，y 的值仍为 2，结果为 x=0，y=2，而不是 x=0，y=3。

【例 2-5】已知“int x=1, y=2; ++x&&(y=x+3);”，请问 x 和 y 的值分别为多少？

【程序代码】

```
#include"stdio.h"
main()
{   int x=1,y=2;
    ++x&&(y=x+3);
    printf("x=%d,y=%d\n",x,y);
}
```

【运行结果】

```
D:\程序设计基础-C语言教材\程序设计基础-C语言\案例\逻辑与.exe
x=0, y=2

--------------------------------
Process exited after 3.709 seconds with return value 8
请按任意键继续. . .
```

【程序分析】

表达式++x&&(y=x+3)是逻辑与表达式，先计算逻辑与（&&）左端的表达式++x，得到x的值为2，表达式++x的值也为2。由于表达式++x的值非零，还要计算逻辑与（&&）右端的表达式(y=x+3)，因此y的值为5，结果为x=2，y=5。

（2）或表达式

设A、B是两个表达式，如果表达式可通过运算符的优先级别和结合方向归为A||B的形式，则称这个表达式为逻辑或表达式，简称或表达式。

逻辑或表达式的计算过程如下：先计算逻辑或（||）左端的表达式，当逻辑或左端的表达式的值非零时，不再计算逻辑或右端的表达式（说明逻辑或表达式的值一定为1）；当逻辑或左端的表达式的值为0时，计算逻辑或右端的表达式。

【例2-6】已知“int x=−1,y,z;y=z=2; ++x||y++||++z;”，请问x、y、z的值分别为多少？

【程序代码】

```
#include"stdio.h"
main()
{int x=-1,y,z;
    y=z=2;
    ++x||y++||++z;
    printf("x=%d,y=%d,z=%d\n",x,y,z);
 }
```

【运行结果】

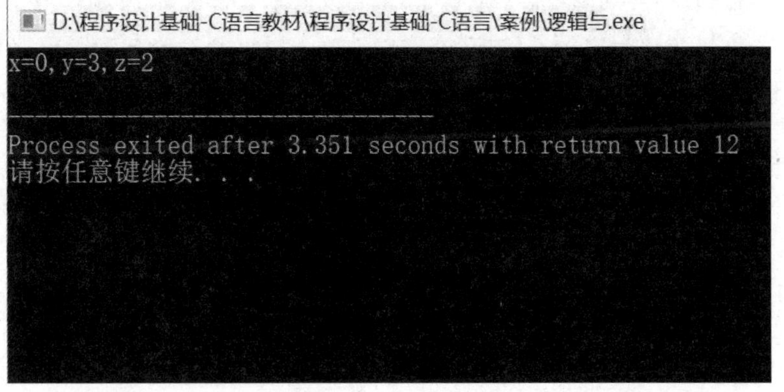

【程序分析】

根据逻辑运算符的优先级别和结合方向，通过添加括号得到逻辑表达式++x||y++||++z的等价表达式为(++x||y++)||++z，该逻辑表达式是逻辑或表达式。根据逻辑或表达式的计算过程，先计算逻辑或（||）左端的逻辑表达式++x||y++，它是逻辑或表达式，先计算++x，得++x的值为0（x的值也为0），再计算y++，得y++的值为2（最终y的值为3）。因为逻辑表达式++x||y++的值为1，所以不再计算++z（z的值仍为2）。因此结果为x=0，y=3，z=2。

【例2-7】已知“int x=−1,y,z;y=z=2; ++x&&y++||++z;”，请问x、y、z的值分别为多少？

【程序代码】

```
#include"stdio.h"
main()
{  int x=-1,y,z;
    y=z=2;
    ++x&&y++||++z;
    printf("x=%d,y=%d,z=%d\n",x,y,z);
 }
```

【运行结果】

```
D:\程序设计基础-C语言教材\程序设计基础-C语言\案例\逻辑与.exe
x=0,y=2,z=3

--------------------------------
Process exited after 3.195 seconds with return value 12
请按任意键继续. . .
```

【程序分析】

由于逻辑与（&&）的优先级别高于逻辑或（||）的优先级别，所以逻辑表达式++x&&y++||++z 等价于逻辑表达式(++x&&y++)||++z，该逻辑表达式实际是逻辑或表达式。先计算逻辑或（||）左端的逻辑表达式++x&&y++，而它又是逻辑与表达式，先计算++x，得到++x 的值为 0（x 的值也为 0），根据逻辑与表达式的计算过程，不再计算逻辑与（&&）右端的表达式 y++（y 的值仍为 2），因此，逻辑与表达式++x&&y++的值为 0。再计算逻辑或（||）右端的表达式++z，得到 z 的值为 3，++z 的值也为 3，结果为 x=0，y=2，z=3。

（3）逻辑非表达式

设 A 是一个表达式，如果某个表达式通过逻辑运算符的优先级别和结合方向可归为!A 的形式，则称这个表达式为逻辑非表达式，简称非表达式。

逻辑非表达式!A 的计算过程如下：如果 A 的值非零，则!A 的值为 0；如果 A 的值为 0，则!A 的值为 1。

2.4.5 赋值运算

1. 变量赋值

C 语言中的赋值运算符是一个等号（=），可以通过赋值运算符给变量赋值，等号没有“等于”的含义，C 语言中的“等于”要用两个等号（==）表示，也将等号叫作赋值号。

变量赋值的一般形式：变量=表达式。

优先级别：赋值运算的优先级别是第 14 级，仅高于逗号运算符。

结合方向：右结合。

赋值表达式：根据运算符的优先级别和结合方向，通过添加括号的方式用赋值运算符把变量和表达式连接起来的式子被称为赋值表达式。赋值表达式的值为赋值运算符左端变量的值。

例如，“int x;x=2;x=x+3;”，x=2 是赋值表达式，它的值为赋值后的变量 x 的值（2）；x=x+3 也是赋值表达式，先计算赋值运算符右端的 x+3，结果为 5，再把 5 赋给变量 x，所以赋值表达式 x=x+3 的值为 5。

例如，“int x=3,y;y=x=x+5;”，根据运算符的优先级别和结合方向，y=x=x+5 等价于 y=(x=(x+5))，因此，先计算 x+5，结果为 8，将 8 赋给变量 x，x=x+5 的值为变量 x 的值（8），再把 x=x+5 的值赋给 y，所以 y 的值为 8，y=x=x+5 的值也为 8。

2．复合赋值运算

在赋值运算中，常见到 x=x+y、x=x−y、x=x*y、x=x/y、x=x%y 等式子。C 语言把以上式子分别缩写成 x+=y、x−=y、x*=y、x/=y、x%=y。这样就产生了一些新的运算符：+=、−=、*=、/=、%=。这种由算术运算符与赋值运算符合成的运算符称为复合赋值运算符。

优先级别：与赋值运算符同级，都是第 14 级。

结合方向：右结合。

注意：与赋值运算符一样，复合赋值运算符的左端也必须是变量。

例如，“int x=5,y=3,z;z=y*=x+2;”，根据运算符的优先级别、结合方向及复合赋值运算符的含义，z=y*=x+2 等价于 z=(y=y*(x+2))，而不等价于 z=(y=y*x+2)。先计算 x+2，结果为 7，再计算 y*(x+2)，结果为 21，并将 21 赋给变量 y，y=y*(x+2)的值为变量 y 的值（21），最后把 y=y*(x+2)的值（21）赋给 z，所以 z 的值为 21。

2.4.6　自加和自减运算

复合赋值运算有 x=x+1、x=x−1 两种特殊情形，即 x+=1、x−=1。

在 C 语言中，它们缩写成++x、−x，这样就产生了++、−−两个新的运算符，把++、−−称为自加、自减运算符。

自加、自减运算符有两种形式：一种是前缀形式，即把自加、自减运算符放在变量的前面，此时的变量与原变量的含义相同；另一种是后缀形式，即把自加、自减运算符放在变量的后面，此时的变量与原变量的含义有所不同。

前缀形式：++变量、−−变量。

后缀形式：变量++、变量−−。

前缀形式++i 或−−i，是把 i+1 或 i−1 的值赋给 i，而表达式（++i 或−−i）取变量 i 被赋值后的值，即++i 与 i=i+1 等价、−−i 与 i=i−1 等价。

后缀形式 i++或 i−−，是把 i+1 或 i−1 赋给 i，而表达式（i++或 i−−）取变量 i 被赋值前的值。

同样，自加、自减运算符的一端必须是变量，不能是常量或表达式。

优先级别：自加、自减运算符的优先级别是第 2 级，高于算术运算符。

结合方向：右结合。

例如，“int x=2,y=2,z=2,d=2; x++;y−;++z−d;”，得到变量及表达式的值如表 2-7 所示。

表 2-7　变量及表达式的值

表达式	执行表达式前的变量值	执行表达式后的变量值	表达式的值
x++	2	3	2
y--	2	1	2
++z	2	3	3
--d	2	1	1

由表 2-7 可以看出，对于前缀形式，在执行表达式后，表达式的值使用的是变量“增值”后的值；对于后缀形式，在执行表达式后，表达式的值使用的是变量“增值”前的值。因此前缀形式是先“增值”后引用，后缀形式是先引用后“增值”。

【例 2-8】已知“int x,n;x=5,n=5;x+=n++;”，请问 x、n 的值各为多少？

【程序代码】

```
#include<stdio.h>
 main()
 {
    int x,n;
    x=5,n=5;
    x+=n++;
    printf("x的值为%d，n的值为%d",x,n);
 }
```

【运行结果】

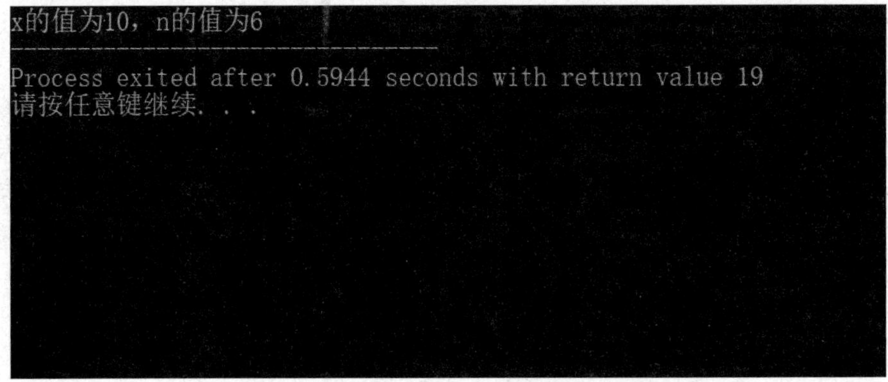

任务 2.5　顺序结构程序设计

前面讲解的程序都有一个共同的特点，即程序中的所有语句都是从上至下逐条执行的，这样的结构被称为顺序结构。顺序结构是在程序开发中最常见的一种结构，它可以包含多种语句，如变量的定义语句、输入/输出语句、赋值语句等。

C 语言的输入和输出操作是通过调用函数实现的，C 标准函数库提供了一些输入/输出函数。

由于库函数的有关信息都在头文件中，因此在使用 C 语言的库函数前，应在程序的开头使用相应的编译预处理命令，即在使用 C 语言的库函数前必须在程序的开头使用命令 #include<stdio.h>或#include"stdio.h"。

2.5.1 格式化输出函数

1．printf 函数的调用格式

```
printf（格式控制字符串，输出表列）
```

例如，“printf("%d,%f,%c",a,b,c);”。

2．printf 函数的功能

将输出表列中各个表达式的值按格式控制字符串对应的格式输出到标准输入/输出设备上。

3．printf 函数的返回值

该函数的返回值为输出字符的个数。

printf 函数的格式字符如表 2-8 所示。

表 2-8　printf 函数的格式字符

格式字符	功能描述
d	输出一个十进制整数
f	输出一个单精度实数
lf	输出一个双精度实数
e 或 E	按指数格式输出一个实数
c	输出一个字符
s	输出一个字符串
o	输出一个八进制整数
x	输出一个十六进制整数

① 格式控制字符串是用双引号引起来的字符串，它包括格式字符和普通字符两部分。

例如，“printf("a=%d\n",a);”的格式控制字符串为“"a=%d\n"”，d 为格式字符，其他为普通字符。

② 输出表列由输出项组成，输出项之间用逗号分隔，当输出项的个数少于格式字符的个数时，输出结果是不确定的；当输出项的个数多于格式字符的个数时，多的输出项将不被输出。

例如：

```
int a=2,b=4,c=6;
printf("%d,%d,%d\n",a,b);
printf("%d,%d\n",a,b,c);
```

输出的结果：　2,4,0（不确定）。
　　　　　　　2,4。

③ 普通字符按原样输出。

④ 格式说明以%开头，后跟格式字符及修饰符。格式字符的个数与输出表列的输出项个数是一致的，即一个输出项对应一个格式字符，格式字符的作用是使对应的输出项按指定的格式输出。

2.5.2 格式化输入函数

1．scanf 函数的调用格式

```
scanf（格式控制字符串，地址表列）
```

2．scanf 函数的功能

通过标准输入/输出设备，按格式控制字符串对应的格式为地址表列中的变量输入数据，存入变量的地址单元中。

3．scanf 函数的返回值

该函数的返回值为正确输入的数据个数。

scanf 函数的格式字符如表 2-9 所示。

表 2-9　scanf 函数的格式字符

格式字符	功能描述
d	输入一个十进制整数
f	输入一个单精度实数
lf	输入一个双精度实数
c	输入一个字符
s	输入一个字符串
o	输入一个八进制整数
x	输入一个十六进制整数
*	表示本输入项只能读入，不赋给相应的变量

① 格式控制字符串是用双引号引起来的字符串，它包括格式字符和普通字符两部分。

② 地址表列由输入项组成，输入项之间用逗号分隔，输入项一般由取地址运算符（&）和变量名组成，即“&变量名”。

例如，“scanf("%d,%d",&x,&y);”不能写成“scanf("%d,%d",x,y);”。

③ 格式说明以%开头，后跟格式字符及修饰符，格式字符的个数与地址表列中输入项的个数一致，即一个输入项对应一个格式字符，格式字符的作用是使对应的输入项按指定的格式输入。

2.5.3 字符输出函数

1．putchar 函数的调用格式

```
putchar(c);
```

2．putchar 函数的功能

为标准输出设备提供一个字符。

说明：参数 c 可以是字符变量、整型变量或字符常量，也可以是转义字符。

putchar 函数的功能是为输出设备提供参数 c 的值。

例如：

```
char i,j,k,g;
i='g';j='o';k=111;g='d';
putchar(i); putchar(j); putchar(k); putchar(g);
```

输出结果：good。

注意：putchar 函数只能用于单个字符的输出，并且一次只能输出一个字符。

2.5.4　字符输入函数

1．getchar 函数的调用格式

```
ch=getchar();
```

2．getchar 函数的功能

从标准输入设备中读入一个字符。

说明：该函数没有参数，函数的返回值是从输入设备中读入的字符。

通过回车键确认数据输入结束，送入缓冲区，该函数从缓冲区读入一个字符。

通过该函数得到的字符可以赋给字符变量或整型变量，也可以不赋给任何变量，只作为表达式的一部分。

该函数常与 putchar 函数配合使用，将读入的字符输出到终端。

例如：

```
char a;
a=getchar();
putchar(a);
```

运行以上程序，如果输入 a，则输出结果为 a。

“putchar(getchar());” 表示直接用 putchar 函数输出 getchar 函数读入的字符。

进　阶　篇

任务 2.6　变量与数据类型转换

1．变量属性

C 语言中的变量有操作属性和存储属性两种属性。

操作属性由数据类型决定，它规定了变量的存储空间大小（即存储长度）、取值范围和允许的操作。

存储属性由存储类别决定，它决定了定义的变量存放在哪里，即决定变量的存储机构；何时为其分配存储空间、何时释放存储空间，即变量的生存周期；变量的作用范围，即变量的作用域。

C 语言中有动态变量、静态变量和外部变量。动态变量包括自动变量和寄存器变量。

2．数据类型转换

变量的数据类型是可以转换的，转换方式有两种，一种是自动类型转换，另一种是强制类型转换。

（1）自动类型转换

自动类型转换发生在不同数据类型的混合运算中，由编译系统自动完成。自动类型转换遵循以下规则。

➢ 若参与运算的数据的数据类型不同，则先转换成统一的数据类型，然后进行运算。

➢ 自动类型转换往数据长度增加的方向进行，以保证不降低精度。例如 int 型和 long 型，会先把 int 型转换成 long 型后再进行运算。

➢ 所有浮点数的运算都是当作双精度实数进行运算的，即使是仅含 float 型的表达式，也要先转换成 double 型，再进行运算。

➢ char 型和 short 型必须先转换成 int 型。

➢ 在赋值运算中，当赋值运算符两边的数据类型不同时，赋值运算符右边的数据类型将转换为左边的数据类型。如果右边的数据类型的长度比左边长，则将丢失一部分数据，丢失的数据按四舍五入向前舍入，这样会降低精度。不同数据类型的优先级别如图 2-2 所示。

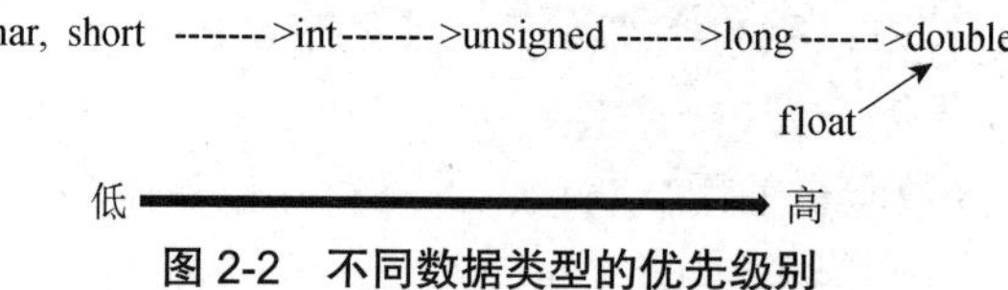

图 2-2　不同数据类型的优先级别

例如，假设指定 a 为 int 型变量，f 为 float 型变量，d 为 double 型变量，e 为 long 型变量，表达式为“11+'a'+i*f−d/e”，则表达式的运行次序如何？

【例 2-9】 10+'a'+a*g−c/e 的值为多少？

【程序代码】

```
#include"stdio.h"
main()
{
   int a=2;
   float g=1.5;
   double c=4.0;
   long e=2;
   printf("第一步:a*g=%lf,a转化为double类型。\n",a*g);
   printf("第二步:c/e=%lf,e转化为double类型。\n",c/e);
   printf("第三步:10+'a'=%d,'a'转化为int类型。\n",10+'a');
   printf("第四步:10+'a'+a*g=%lf,int转化为double类型。\n",10+'a'+a*g);
   printf("第五步:10+'a'+a*g-c/e=%lf,float转化为double类型。\n",10+'a'+a*g-c/e);
}
```

【运行结果】

```
D:\程序设计基础-C语言教材\程序设计基础-C语言\案例\类型转换.exe
第一步:a*g=3.000000,a转化为double类型。
第二步:c/e=2.000000,e转化为double类型。
第三步:10+'a'=107,'a'转化为int类型。
第四步:10+'a'+a*g=110.000000,int转化为double类型。
第五步:10+'a'+a*g-c/e=108.000000,float转化为double类型。

--------------------------------
Process exited after 3.532 seconds with return value 57
请按任意键继续. . .
```

（2）强制类型转换

强制类型转换是通过类型转换运算实现的。

其一般形式如下：

```
（类型说明符）（表达式）
```

强制类型转换的功能是把表达式的运算结果强制转换成格式转换说明符表示的类型，例如：

(double) i：将变量 i 强制转换为 double 型变量。

(int) (a+b)：将 a+b 的值强制转换为 int 型数据。

(float)(7%3)：将 7%3 的值强制转换为 float 型数据。

(float)a/b：先将 a 强制转换成 float 型变量，再与 b 进行除法运算。

说明：

① 表达式应该用括号括起来。

② 在进行强制类型转换时，得到的是一个所需类型的中间变量，原来变量的类型并未发生改变。

【例 2-10】强制类型转换的示例如下。

【程序代码】

```c
#include<stdio.h>
main()
{
    float a=9.8;
    printf("(int)a=%d,a=%f\n",(int)a,a);
}
```

【运行结果】

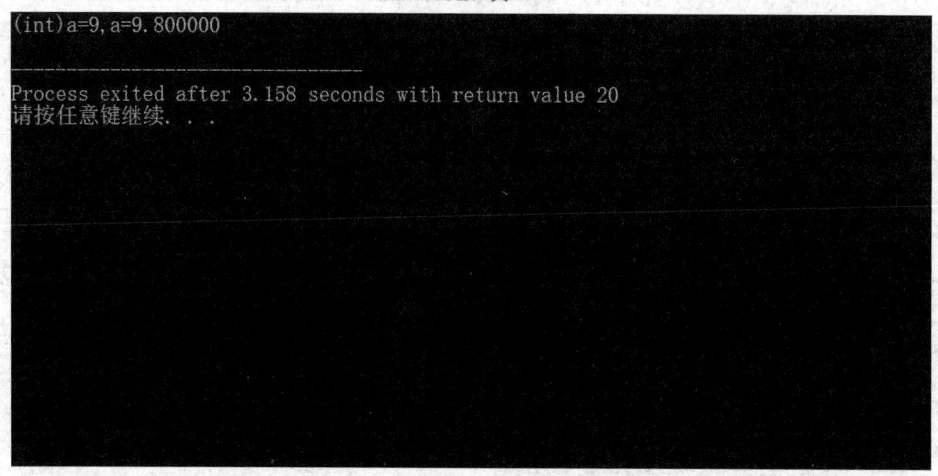

任务 2.7　格式字符及作用

1．printf 格式字符和修饰符

printf 格式字符、修饰符分别如表 2-10、表 2-11 所示。

表 2-10　printf 格式字符

格式字符	说明
d、i	以带符号的十进制形式输出整数（正数不输出符号）
u	用来输出无符号的十进制数
o	以无符号的八进制形式输出整数（不输出前导符 0）
X、x	以无符号的十六进制形式输出整数（不输出前导符 0x），x 表示十六进制形式，a～f 将以小写字母形式输出，X 则以大写字母形式输出
c	输出单个字符
s	输出字符串
f	以小数形式输出单、双精度实数，隐含 6 位小数
g、G	在%f 和%e 格式中选用输出宽度较短的一种格式，不输出无意义的 0。选用 G 时，若以指数形式输出，则指数以大写字母形式表示
E、e	以指数形式输出实数，当用 e 时，指数以 e 表示（如 1.2e+02）；当用 E 时，指数以 E 表示（如 1.2E+02）

表 2-11　printf 修饰符

修饰符	说明
l	用于长整型，可加在格式字符 d、o、x、u 之前
m	数据的最小宽度

续表

修饰符	说明
.n	对实数来说，表示输出 n 位小数；对字符串来说，表示截取的字符个数
-	输出的数字或字符在域内向左停靠

例如：

```
① int a=-3;
   printf("%x,%o\n",a,a);
```

输出结果：fffffffd, 37777777775。

d 或 i：按有符号的十进制形式输出整数。

x 或 X：按无符号的十六进制形式输出整数。

o（小写字母）：按无符号的八进制形式输出整数。

```
② char b='A';
   int a=-191;
   printf("%c,%c\n",b,a);
```

输出结果：A,A。

u（小写字母）：按无符号的十进制形式输出数据。

c（小写字母）：按字符形式输出数据。

```
③ float x=3.1415926;
   printf("%f\n",x);
```

输出结果：3.141593。

s（小写字母）：按字符串形式输出字符串。

f（小写字母）：按小数形式输出单、双精度实数。

```
④ int  x=77,y=65;
   printf("%d%%*%d\n",x,y);
```

输出结果：77%*65。

e 或 E：按指数形式输出实数。

g 或 G：在%f 格式和% e 格式中选用输出宽度较短的一种格式输出实数。

%：输出%本身。

例如：

```
⑤ int x=123,y=34567。
   printf("%4d,%4d\n",x,y);
```

输出结果：123,34567。

l 或 L：按长整型或双精度型数据输出。

h：按短整型数据输出。

m（正整数）：指定输出项占的字符数（域宽）。

```
⑥ float a=125.45;
   printf("%.1f,%.2f\n",a,a);
```

输出结果：125,125.45。

.n（正整数）：指定输出的实数的小数位数，系统默认的小数位数是 6 位。

0（数字）：指定将数字前的空格用 0 填补。

-或+：指定输出项的对齐方式，-表示左对齐，+表示右对齐。

2．scanf 格式字符

scanf 格式字符的作用同 printf 格式字符的作用一致。

scanf 格式字符如表 2-12 所示，scanf 的附加格式字符如表 2-13 所示。

表 2-12　scanf 格式字符

格式字符	说明
d、i	用来输入有符号的十进制数
u	用来输入无符号的十进制数
o	用来输入无符号的八进制数
X、x	用来输入无符号的十六进制数（字母大小写不影响效果）
c	用来输入单个字符
s	用来输入字符串，将字符串放到一个字符数组中，以非空白字符开始，以第一个空白字符结束；字符串以结束标志\0 作为最后一个字符
f	用来输入实数，可以以小数形式或指数形式输入
g、G、E、e	与 f 的作用相同，e 可以与 f、g 相互替换（字母大小写不影响效果）

表 2-13　scanf 的附加格式字符

附加格式字符	说明
l	用于输入长整型数据（%ld、%lo、%lx）及双精度型数据（%lf、%le）
h	指定输入数据占的宽度，域宽是正整数
*	在读入输入项后不赋给相应的变量

l、h、m（正整数）的作用同 printf 函数的作用一样；*（也称为抑制字符）的作用是不把按格式字符输入的数据赋给相应的变量，即“虚读”。

例如：

```
int  x, y;
scanf("%d%*d%d",&x,&y);
printf("%d,%d\n",x,y);
```

如果输入的数据为“123 45 678”，则将 123 赋给变量 x，45 不赋给任何变量，678 赋给变量 y，因此输出结果为“123,678”。

① 普通字符按原样输入，用来分隔输入的数据。

② 输入数据流的分割：scanf 函数从输入数据流中接收非空字符，再将其转换成指定的格式，发送到对应变量的地址单元中。系统如何分割输入数据流中的数据并发送给相应的变量呢？有以下 4 种方法。

● 根据格式字符规定的数据类型从输入数据流中取得数据，即当输入数据流的数据类型与格式字符规定的数据类型不一致时，就认为这项数据已输入结束。

例如：

```
int x; char y; float z;
scanf("%d%c%f",&x,&y,&z);
```

如果输入的数据流为123%456.78，系统先将输入数据流送入缓冲区，然后按格式字符（d）为变量x读入数据，当读到%时发现数据类型不符，于是先把123存入变量x的内存单元中，再把%存入变量y的内存单元中，最后把456.78存入变量z的内存单元中。

● 根据附加格式字符指定的域宽从输入数据流中分割数据。

例如：

```
char x;  int y;
scanf("%3c%3d",&x,&y);
printf("%c,%d\n",x,y);
```

如果输入的数据流为abc1234，则输出结果为： a,123。

● 通过在格式控制字符串中指定分割符来分割数据，分割符可以是任意非格式字符。

例如：

```
int x,y;
printf("x=,y=:");
scanf("x=%d,y=%d",&x,&y);
```

scanf函数中的“x=,y=”都是普通字符，可作为输入数据流的分割符。要把456赋给变量x，把789赋给变量y，则应输入“x=456,y=789”。

● 当格式控制字符串中没有指定分割符时，常使用空格键、Tab键、回车键来分割数据。

例如：

```
int i,j;
scanf("%d%d",&i,&j) ;
```

输入数据流可以是“10 20”，也可以是“10+回车键+20+回车键”，还可以是“10+Tab键+20+回车键”。

③ 将从scanf函数输入的数据存入缓冲区，并按指定的格式从缓冲区中为变量读入数据，如果输入的数据多于变量的个数，多余的数据可被下一个scanf函数使用。

例如：

```
int x,y,z,d;
scanf("%d%d",&x,&y);
scanf("%d%d",&z,&d);
```

程序被执行时，先执行第一个scanf函数，如输入数据流为12 34 56 78 90，则将其存入缓冲区，从缓冲区读入数据12、34，并分别存入变量x、y的存储单元中。由于缓冲区中还有数据，因此在执行第二个scanf函数时，可直接从缓冲区读入数据56、78，并分别存入变量z、d的存储单元中。

任务 2.8　其他运算符的使用

1．条件运算符

条件运算符是C语言特有的条件运算符，且是唯一的三目运算符。

优先级别：条件运算符的优先级别是第 13 级，高于赋值运算符，低于逻辑运算符。

结合方向：右结合。

条件表达式的一般形式：表达式 1？表达式 2:表达式 3。其中，表达式 1、表达式 2、表达式 3 可以是任意表达式。

条件表达式的运算过程：先计算表达式 1 的值，若表达式 1 的值非零，则计算表达式 2 的值，不再计算表达式 3 的值，表达式 2 的值为条件表达式的值；若表达式 1 的值为 0，不计算表达式 2 的值，而计算表达式 3 的值，表达式 3 的值为条件表达式的值。

例如：

```
int w=1,x=2,y=3,z=4,m;
m=w<x?w:x;
```

由于条件运算符先判断 w<x 的值为 1，因此条件表达式的值就是表达式 2（w）的值，即表达式 2（w） 的值为 1。

a>b?a:c>d?c:d 可理解为 a>b?a:(c>d?c:d)，这是条件运算符的嵌套情形，因为表达式 3 又是一个条件表达式。

【例 2-11】比较两个整数的大小，输出较大的整数。

【程序代码】

```
#include"stdio.h"
main()
{
    int a,b;
    printf("请输出两个整数:\n");
    scanf("%d%d",&a,&b);
    printf("%d较大\n",(a>b?a:b));
}
```

【运行结果】

```
D:\程序设计基础-C语言教材\程序设计基础-C语言\案例\条件运算.exe
请输出两个整数:
4 8
8较大

--------------------------------
Process exited after 5.258 seconds with return value 6
请按任意键继续. . .
```

2．逗号运算符

逗号运算符也是 C 语言特有的运算符，利用逗号运算符可一次计算多个表达式的值。

逗号运算符：,（逗号）。

优先级别：第 15 级，优先级别最低。

结合方向：左结合。

逗号表达式：用逗号运算符把两个表达式连接起来的式子。

逗号表达式的一般形式：表达式 1,表达式 2。

逗号表达式的运算过程：先计算表达式 1 的值，再计算表达式 2 的值，表达式 2 的值是逗号表达式的值。

例如，“x=3*5,x*4,x+5;”，由于逗号运算符的优先级别低于赋值运算符，所以“x=3*5,x*4,x+5;”是逗号表达式。逗号运算符的结合方向是左结合，因此该逗号表达式等价于“（x=3*5,x*4）,x+5。”。最后得到 x 的值为 15，逗号表达式的值为 20。

3．位运算符

位运算符是针对二进制数的每个二进制位进行运算的符号，专门针对数字 0 和 1 进行操作。C 语言中的位运算符及其范例如表 2-14 所示。

表 2-14　位运算符及其范例

位运算符	功能描述	范例	结果
&	按位与	0&0	0
		0&1	0
		1&1	1
		1&0	0
|	按位或	0|0	0
		0|1	1
		1|1	1
		1|0	1
~	取反	~0	1
		~1	0
^	按位异或	0^0	0
		0^1	1
		1^1	0
		1^0	1
<<	左移	00000010<<2	00001000
		10010011<<2	01001100
>>	右移	01100010>>2	00011000
		11100010>>2	11111000

（1）与运算符

与运算符（&）可让参与运算的两个二进制数进行与运算，如果两个对应的二进制位都为 1，则该位的运算结果为 1，否则为 0。如将 6 和 11 进行与运算，6 对应的二进制数为 00000110，11 对应的二进制数为 00001011。

```
   00000110
&
   00001011
-----------
   00000010
```

运算结果为二进制数 00000010，对应的十进制数为 2。

（2）或运算符

或运算符（|）可让参与运算的两个二进制数进行或运算，如果对应的两个二进制位有一位为1，则该位的运算结果为1，否则为0。如将6和11进行或运算。

```
      00000110
|
      00001011
--------------
      00001111
```

运算结果为二进制数00001111，对应的十进制数为15。

（3）取反运算符

取反运算符（~）只针对一个操作数进行操作，如果二进制位是0，则取反的结果为1；如果二进制位是1，则取反的结果为0。如对6进行取反运算。

```
~     00000110
--------------
      11111001
```

运算结果为二进制数11111001，对应的十进制数为−7。

（4）异或运算符

异或运算符（^）可让参与运算的两个二进制数进行异或运算，如果对应的两个二进制位相同，则该位的运算结果为0，否则为1。如将6和11进行异或运算。

```
      00000110
^
      00001011
--------------
      00001101
```

运算结果为二进制数00001101，对应的十进制数为13。

（5）左移运算符

左移运算符（<<）可将操作数的所有二进制位向左移动一位。左移运算时，右边的空位补0。左边移走的部分舍去。如将11左移一位。

```
      00001011      <<1
--------------
      00010110
```

运算结果为二进制数00010110，对应的十进制数为22。

（6）右移运算符

右移运算符（>>）可将操作数的所有二进制位向右移动一位。右移运算时，左边的空位根据原数的符号位补0或1（原数是负数就补1，是正数就补0）。如将11右移一位。

```
      00001011      >>1
--------------
      00000101
```

运算结果为二进制数00000101，对应的十进制数为5。

4．求存储长度

利用长度运算的运算符可以求出指定数据或指定数据类型在内存中的存储长度。

长度运算的运算符：sizeof。

长度运算的一般形式：sizeof(类型标识符或表达式)。

优先级别：第2级，属单目运算，与所有单目运算同级。

结合方向：右结合。

【例 2-12】求 char、short、int、long、float、double 的存储长度。

【程序代码】

```
#include<stdio.h>
main()
{
    printf("char:  %d字节\n",sizeof(char));
    printf("short:  %d字节\n",sizeof(short));
    printf("int:  %d字节\n",sizeof(int));
    printf("long:  %d字节\n",sizeof(long));
    printf("float:  %d字节\n",sizeof(float));
    printf("double:  %d字节\n",sizeof(double));
}
```

【运行结果】

D:\程序设计基础-C语言教材\程序设计基础-C语言\案例\字节数.exe

```
char:  1字节
short:  2字节
int:  4字节
long:  4字节
float:  4字节
double:  8字节

--------------------------------
Process exited after 3.087 seconds with return value 15
请按任意键继续. . .
```

5．用 C 语言表达实际问题

① 数学表达式 4≤x<6，可以用 C 语言写成(x>=4)&&(x<6)或 x>=4&&x<6。

② 用 3 条线段 i、j、k 构成一个三角形，可以写成如下形式：

```
(i+j>k)&&(i+k>j)&&(j+k>i)或 i+j>k&(i+k>j)&&j+k>i
```

③ a 不等于 0，可以用 C 语言的关系表达式 a!=0 表示，所以当 a 不等于 0 时，关系表达式 a!=0 成立，a 也成立；当 a 等于 0 时，关系表达式 a!=0 不成立，a 也不成立。因此关系表达式 a!=0 与 a 等价，于是 a 不等于 0 又可以表示成 a，即 a 不等于 0 可表示成 a!=0 或 a。

④ a 等于 0，可以用 C 语言的关系表达式 a==0 表示。当 a 不等于 0 时，关系表达式 a==0 不成立，逻辑表达式!a 也不成立；当 a 等于 0 时，关系表达式 a==0 成立，逻辑表达式!a 也成立。因此关系表达式 a==0 与逻辑表达式!a 等价，于是 a 等于 0 又可以用逻辑表达式表示成!a，即 a 等于 0 可表示成 a==0 或!a。

⑤ n 为偶数，可以用 C 语言的关系表达式 n%2==0 表示，还可以用逻辑表达式!(n%2)表示。

⑥ 若年份 year 是闰年，则能被 4 整除，但不能被 100 整除；或能被 400 整除。所以，判断年份 year 是否是闰年的 C 语言表达式如下：

```
(year%4==0&&year%100!=0)||year%400==0
或!(year%4)&&year%100||!(year%400)
```

提 高 篇

任务 2.9　学生信息管理系统 1

【例 2-13】新建项目 studentInfo，再新建源文件 studentInfo.c，输出学生信息管理系统菜单。

【程序代码】

```
#include <stdio.h>
void main()
{
    int option;
    printf("\t\t********************学生信息管理系统菜单********************\n");
    printf("\t\t     1.编辑\n");
    printf("\t\t     2.显示 \n");
    printf("\t\t     3.查询\n");
    printf("\t\t     4.排序\n");
    printf("\t\t     5.统计\n");
    printf("\t\t     6.文件\n");
    printf("\t\t     0.退出\n");
    printf("\t\t**************************************************************\n");
    printf("\t\t 请选择(0-6):");
    scanf("%d",&option);
}
```

【运行结果】

```
                ********************学生信息管理系统菜单********************
                     1. 编辑
                     2. 显示
                     3. 查询
                     4. 排序
                     5. 统计
                     6. 文件
                     0. 退出
                ************************************************************
                 请选择(0-6):1
```

【例 2-14】输出学生三门功课的期末平均成绩。

【程序代码】

```
#include <stdio.h>
void main()
{
    int cLanguage,math,english;
    double average;
    printf("请依次输入C语言、高数、大学英语成绩：\n");
    scanf("%d%d%d",&cLanguage,&math,&english);
    average=(cLanguage+math+english)/3.0;
    printf("该学生期末平均成绩是%.1lf\n",average);
}
```

【运行结果】

```
请依次输入C语言、高数、大学英语成绩:
85 75 95
该学生期末平均成绩是85.0
请按任意键继续. . .
```

思考练习

一、单选题

1．下面四个选项中，均为不合法的用户标识符的是（　　）。

A．A　P_0　do

B．float　la0　_A

C．b−a　goto　int

D．_123　temp　INT

2．下面四个选项中，均为 C 语言关键字的是（　　）。

A．auto　enum　include

B．switch　typedef　continue

C．signed　union　scanf

D．if　struct　type

3．下面正确的字符常量是（　　）。

A．"c"　B．'\\'　C．'W'　D．''

4．以下符合 C 语言语法的赋值表达式是（　　）。

A．d=9+e+f=d+9　B．d=9+e, f=d+9

C．d=9+e,e++,d+9　D．d=9+e++=d+7

5．已知变量及其类型如下：

```
int i=8,k,a,b;
unsigned long w=5;
double x=1.42,y=5.2;
```

则以下符合 C 语言语法的表达式是（　　）。

A．a+=a−=(b=4)*(a=3)　B．a=a*3=2

C．x%(−3)　D．y=float(i)

6．若变量均为整型变量，且“num=sum=7;”，则计算表达式“sum=num++,sum++,

++num”中 sum 的值为（　　）。

A．7　　B．8　　C．9　　D．10

7．设有“char d;int x;float y;double z;”，则表达式 d*x+z−y 的值的数据类型为（　　）。

A．float　　B．char　　C．int　　D．double

8．若有“int k=7,x=12;”，则值为 3 的表达式是（　　）。

A．x%=(k%=5)　　B．x%=(k−k%5)　　C．x%=k−k%5　　D．(x%=k) − (k%=5)

9．设以下变量均为基本整型（int 型）变量，则值不等于 7 的表达式是（　　）。

A．(x=y=6,x+y,x+1)　　B．(x=y=6,x+y,y+1)

C．(x=6,x+1,y=6,x+y)　　D．(y=6,y+1,x=y,x+1)

10．若有“int m=5,y=2;”，则表达式“y+=y−=m*=y”中的 y 值是（　　）。

A．15　　B．16　　C．−15　　D．−16

11．根据定义和数据的输入方式，可得输入语句的正确形式为（　　）。

已有定义“float f1,f2;”，数据的输入方式为：4.52
3.5

A．scanf("%f,%f",&f1,&f2);　　B．scanf("%f%f",&f1,&f2);

B．scanf("%3.2f%2.1f",&f1,&f2);　　D．scanf("%3.2f,%2.1f",&f1,&f2);

12．根据给出的输入和输出形式，可得输入/输出语句的正确内容是（　　）。

```
main()
{ int x; float y;
  printf("enter x,y:")}
输入语句
输出语句}
输入形式  enter x,y: 2 3.4
输出形式  x+y=5.40
```

A．scanf("%d,%f",&x,&y);
printf("\nx+y=%4.2f",x+y);

B．scanf("%d%f",&x,&y);
printf("\nx+y=%4.2f",x+y);

C．scanf("%d%f",&x,&y);
printf("\nx+y=%6.1f",x+y);

D．scanf("%d,%3.1f",&x,&y);
printf("\nx+y=%4.2f",x+y);

二、填空题

1．若 a 是 int 型变量，则表达式“(a=4*5,a*2),a+6”的值为________。

2．若 x 和 a 均为 int 型变量，则表达式“x=(a=4,6*2)”中 x 的值为________，表达式“x=a=4,6*2”中 x 的值为________。

3．若 a、b 和 c 均为 int 型变量，则表达式“a=(b=4)+(c=2)”中 a 的值为________，b 的值为________，c 的值为________。

4．若 x 和 n 均为 int 型变量，且 x 和 n 的初值均为 5，则表达式“x+=n++”中 x 的值为________，n 的值为________。

5．若定义“int x=3,y=2;float a=2.5,b=3.5;”，则表达式“(x+y)%2+(int)a/(int)b”的值为________。

6．若 x 和 n 均为 int 型变量，且 x 的初值为 12，n 的初值为 5，则表达式“x%=(n%=2)”中 x 的值为________。

7．假设所有变量均为 int 型变量，则表达式“(a=2,b=5,a++,b++,a+b)”的值为________。

8．以下程序的输出结果为________。

```
main()
{ printf("*%f,%4.3f*\n",3.14,3.1415);}
```

项目三　选择结构程序设计

学习目标

- 了解选择结构
- 掌握使用 if 语句实现选择结构的方法
- 掌握选择结构的嵌套
- 掌握使用 switch 语句实现多分支选择结构的方法

技能目标

- 学会使用 if 语句编写条件选择程序
- 学会使用嵌套 if 语句和 switch 语句编写多分支选择结构程序

素质目标

- 培养学生的自主学习能力，以及探索和解决问题的能力
- 引导学生拓展思维，培养创新能力

在现实生活中，不可能事事都按顺序执行，需要根据不同情况进行不同的处理。胡德说：“选书应和交朋友一样谨慎，因为你的习性受书籍的影响不亚于朋友。”在日常生活中，我们还会面对哪些选择呢？例如，根据天气情况选择穿毛衣还是穿衬衣。编写程序就是模拟和解决日常生活中可能遇到的问题。在 C 语言中，有一种程序结构被称作选择结构或分支结构。选择结构使程序具备根据不同的逻辑条件进行不同处理的功能，可以对给定的条件进行判断，并根据判断结果执行不同的语句。

基　础　篇

任务 3.1　选择结构概述

通过前面的学习，我们已经可以编写顺序结构解决一些问题了。在顺序结构中，编译系统按语句的书写顺序依次执行，是无条件地执行，不用做任何判断。在实际应用中，需要判断某个条件是否满足要求来决定下一步的操作任务，或者从给定的一种、两种或多种操作中选择其中的一种，这就是本项目的选择结构要解决的问题。

例如：

①如果今天不下雨，我们就去锻炼身体（需要判断是否下雨）。

②如果考试没及格，就需要补考（需要判断考试是否及格）。

③如果遇到红灯，就需要停下来等候，绿灯亮时才能通过（需要判断是红灯还是绿灯）。

④ 60 岁以上的人可以免费乘坐公交车（需要判断年龄是否大于 60 岁）。

C 语言有如下两种选择语句：if 语句，用来实现有一个或者两个分支的选择结构；switch 语句，用来实现多情况的选择结构。

任务 3.2　使用 if 语句实现选择结构

3.2.1　单分支选择结构

单分支选择结构的一般形式如图 3-1 所示。

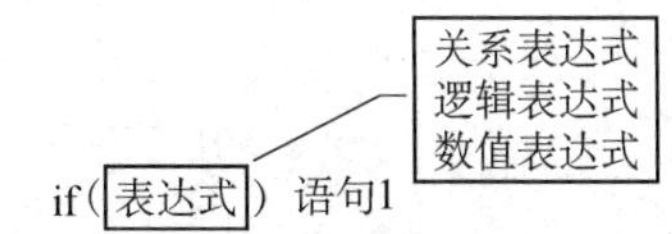

图 3-1　单分支选择结构的一般形式

if 语句中的表达式可以是关系表达式、逻辑表达式或数值表达式，语句 1 可以是单条语句，也可以是多条语句，如果是多条语句，采用复合语句形式。

【例 3-1】已知有 a、b 两个变量，如果 a 大于 b，则将两个变量的值进行交换。

【解题思路】

输入 a、b 两个变量的值，比较大小，使用 if 语句实现值的交换。

如何实现两个值的交换？不能直接交换，要借助第三个变量 t。就像将一杯水（A）和一杯奶（B）进行交换，必须借助第三个空杯（T）。先将 A 倒入 T，再将 B 倒入 A，然后将 T 倒入 B，这样就实现了交换。

【程序代码】

```
#include "stdio.h"
int main()
{int a,b,t;// t是交换的中间变量
 printf("请输入a和b的值:");
 scanf("%d%d",&a,&b);
 if(a>b)  //交换的条件
   {t=a;
    a=b;
    b=t;
   }
 printf("a=%d,b=%d\n",a,b);
 return 0;
 }
```

【运行结果】

```
请输入a和b的值:20  10
a=10,b=20

--------------------------------
Process exited after 9.027 seconds with return value 0
请按任意键继续. . .
```

说明：复合语句必须使用{}。

思考：如果将{}去掉，运行上述程序会出现什么结果？

3.2.2　双分支选择结构

双分支选择结构的一般形式如下：

```
if(表达式)
   语句1
else 语句2
```

【例 3-2】输入 x 的值，求 y 的值。

$$y=\begin{cases}\sqrt{x},x\geqslant 0\\-1,x<0\end{cases}$$

【解题思路】输入 x 的值，进行两次判断，分别求解不同条件下的 y 值。

【程序代码】

```c
#include "stdio.h"
#include "math.h"
int main()
{float x,y; //声明变量x,y的类型
 printf("请输入x的值:");
 scanf("%f",&x);
 if(x>=0)
   y=sqrt(x); //sqrt是求平方根的函数
 else
   y=-1;
 printf("x=%f,y=%f\n",x,y);
 return 0;
}
```

【运行结果】

```
请输入x的值:10
x=10.000000,y=3.162278

--------------------------------
Process exited after 5.04 seconds with return value 0
请按任意键继续. . .
```

【程序分析】

math.h 是一个库文件，是由标准函数定义的集合，sqrt 函数的定义就保存在其中，在使用 sqrt 函数时要将该库文件包含进来。

任务 3.3　选择结构的嵌套

选择结构的嵌套的一般形式如下：

形式 1：

```
if( 表达式 1)
    if( 表达式 2)  语句 1
    else  语句 2
else
    if(表达式 3)  语句 3
    else  语句 4
```

形式 2：

以下是嵌套在 else 子句中的 if 语句的书写格式。

```
if( 表达式 1)  语句 1
else if(表达式 2 )  语句 2
else if(表达式 3)  语句 3
else if(表达式 4)  语句 4
    ...
else if (表达式 n)  语句 n
else  语句 n+1
```

说明：

① 语句 1、语句 2、语句 3…语句 n+1 都是 if 语句的一部分，末尾都要加上分号。采用缩进的方式书写，可以更好地表示语句的逻辑结构，增加程序的可读性。当要表示三个或三个以上的分支时，可以采用嵌套的 if 语句。

② if 语句与 else 子句有一定的配对原则，从后往前查找，else 子句总是与离它最近的、尚未与其他 else 子句配对的 if 语句进行配对。如果其中一个 if 语句没有 else 子句，则可以用花括号将该 if 语句括起来，这样紧随其后的 else 子句就不会与该 if 语句配对了。

【例 3-3】输入 x 的值，输出相应的 x 值、y 值。

$$y=\begin{cases}-1, & (x<0)\\ 0, & (x=0)\\ 1, & (x>0)\end{cases}$$

【解题思路】

这是一个分段函数，根据 x 的值决定 y 的值。

由于 y 的值有三个，因此不能只用一个简单的 if 语句（无嵌套 if 语句）来实现，具体如下：

```
输入 x 的值
若 x < 0, 则 y =-1
若 x = 0, 则 y = 0
若 x > 0, 则 y = 1
输出 x、y 的值
```

本例有两种编程方式，它们的运算结果相同，具体如下：

【程序代码 1】

```c
#include "stdio.h"
int main()
{int  x,y;
scanf("%d",&x);
if(x<0)
  y=-1;
 else
   if(x==0)
     y=0;
      else
       y=1;
printf("x=%d,y=%d\n",x,y);
return 0;
}
```

【程序代码 2】

```c
#include "stdio.h"
int main()
{int  x,y;
scanf("%d",&x);
if(x>=0)
  if(x>0)
   y=1;
  else
   y=0;
else
 y=-1;
printf("x=%d,y=%d\n",x,y);
return 0;
}
```

【运行结果】

```
-6
x=-6,y=-1

--------------------------------
Process exited after 8.289 seconds with return value 0
请按任意键继续. . .

0
x=0,y=0

--------------------------------
Process exited after 2.889 seconds with return value 0
请按任意键继续. . .

8
x=8,y=1

--------------------------------
Process exited after 4.86 seconds with return value 0
请按任意键继续. . .
```

思考：如果使用三个独立的 if 语句完成判断或选择，那么这三个 if 语句的构成有什么不同？运行过程具体如何？

任务 3.4 使用 switch 语句实现多分支选择结构

if 语句一般有两个分支可以选择，当分支多的时候，可以采用嵌套 if 语句实现，但分支越多，嵌套的层数越多，程序的可读性就越差，因此多采用 switch 语句实现多分支选择结构。

switch 语句的一般形式为：

```
switch(表达式)
  { case 常量 1: 语句 1;break;
    case 常量 2: 语句 2;break;
    case 常量 3: 语句 3;break;
    ...
    case 常量 n: 语句 n;break;
    default:      语句 n+1
  }
```

说明：

① switch 语句后的表达式的值的数据类型应为整型。

② switch 语句的语句体包含多个以关键字 case 开头的子句。

③ 每个子句可以包括若干条语句，如果是多条语句，可以不加花括号。

④ case 子句中的常量不分先后次序，但同一个常量不能重复出现。

⑤ 可以没有 default 子句，当没有与表达式匹配的 case 常量时，执行 default 子句的语句 n+1。

【例 3-4】 输入 1～7 的整数，输出对应的星期几的英文单词。

【解题思路】

switch 语句的控制流程如下：首先计算表达式的值，然后依次与每一个 case 子句中的常量值进行比较，一旦匹配成功，就执行该 case 子句后面的语句，直到遇到 break 语句。如果输入的值不是 1～7 的整数，则执行 default 语句后面的语句 n+1。

【程序代码】

```
#include "stdio.h"
int main()
{int  n;
 printf("请输入星期号n(1~-7): ");
 scanf("%d",&n);
 switch(n)
 {case 1:printf("Monday");break;
  case 2:printf("Tuesday");break;
  case 3:printf("Wednesday");break;
  case 4:printf("Thursday");break;
  case 5:printf("Friday");break;
  case 6:printf("Saturday");break;
  case 7:printf("Sunday");break;
  default:printf("error!");
 }
  return 0;
 }
```

【运行结果】

```
请输入星期号n (1~7): 3
Wednesday
--------------------------------
Process exited after 3.392 seconds with return value 0
请按任意键继续. . .
```

【例 3-5】根据成绩等级，输出对应的分数段。

```
A 等    90 分以上
B 等    80 分以上
C 等    70 分以上
D 等    60 分以上
E 等    60 分以下
```

【解题思路】

根据输入的字符（A、B、C、D、E 中的其中一个）输出对应的分数段。这里采用的数据类型是字符型，注意区分字母大小写。

【程序代码】

```c
#include "stdio.h"
int main()
{char grade;
 printf("请输入对应的分数等级:");
 grade=getchar();
 switch(grade)
 {case 'A':printf( "90~100分");break;
  case 'B':printf( "80~89分");break;
  case 'C':printf( "70~79分");break;
  case 'D':printf( "60~69分");break;
  case 'E':printf( "60分以下" );
 }
 return 0;
 }
```

【运行结果】

```
请输入对应的分数等级:D
60 ~ 69分
--------------------------------
Process exited after 6.687 seconds with return value 0
请按任意键继续. . .
```

进　阶　篇

任务 3.5　选择结构综合举例

【例 3-6】根据输入的 x 值，求解对应的 y 值。

$$y=\begin{cases} x, & x<0 \\ 2.5-x, & 0\leqslant x<5 \\ 2-1.5(x-3), & 5\leqslant x<10 \\ x/2-1.5, & 10\leqslant x<20 \\ x+2.5, & x\geqslant 20 \end{cases}$$

【解题思路】

根据输入的 x 值，使用嵌套的 if 多分支选择结构给 y 赋值。

【程序代码】

```c
#include "stdio.h"
int main()
{float x,y;
 printf("请输入x的值:");
 scanf("%f",&x);
 if(x<0)
   y=x;
   else if(x<5)
    y=2.5-x;
    else if(x<10)
     y=2-1.5*(x-3);
     else if(x<20)
       y=x/2-1.5;
       else
        y=x+2.5;
 printf("x=%f,y=%f\n",x,y);
 return 0;
 }
```

【运行结果】

```
请输入x的值:5.0
x=5.000000,y=-1.000000

--------------------------------
Process exited after 14.4 seconds with return value 23
请按任意键继续. . .
```

【例 3-7】根据输入的成绩，输出对应的成绩等级。

90～100 分	A 等
80～89 分	B 等
70～79 分	C 等
60～69 分	D 等
60 分以下	E 等

【解题思路】

本例可以采用 switch 语句来实现多分支选择结构。具体方法是，先将输入的成绩 x 除以 10，然后转换成对应的整数 n，比如 90～100 的成绩转换成 9、10 两个数，80～89 的成绩转换成 8，以此类推，60 分以下的成绩（0～59）转换成 0～5 六个数。如果成绩超出了 0～100，则提示“输入的成绩有误”。

【程序代码】

```
#include "stdio.h"
int main()
{int x,n;
 char grade;
 printf("请输入成绩:");
 scanf("%d",&x);
 if(x>=0&&x<=100)
   {n=x/10;
    switch(n)
    {case 9:case 10:grade='A';break;
     case 8:grade='B';break;
     case 7:grade='C';break;
     case 6:grade='D';break;
     case 5:case 4:case 3:case 2:case 1:case 0:grade='E';
    }
    printf("成绩%d分,%c等",x,grade);
   }
   else
    printf("输入的成绩有误！\n");
return 0;
}
```

【运行结果】

```
请输入成绩:92
成绩92分,A等
--------------------------------
Process exited after 6.066 seconds with return value 12
请按任意键继续. . .
```

【例 3-8】输入三角形的三条边 a、b、c，相应的面积公式如下，求三角形的面积。

$$p=\frac{a+b+c}{2}$$

$$s=\sqrt{p(p-a)(p-b)(p-c)}$$

【解题思路】

输入三角形三条边的边长，先判断能否构成三角形，三角形的构成条件是任意两条边的和大于第三边，如果满足上述条件，则按面积公式进行求解，否则输出“不能构成三角形！”。

【程序代码】

```
#include "stdio.h"
#include "math.h"
int main()
{double a,b,c,p,s;
 printf("请输入三角形的边长a,b,c:");
 scanf("%lf%lf%lf",&a,&b,&c);
 if(a+b>c&&a+c>b&&b+c>a)
    {p=(a+b+c)/2;
     s=sqrt(p*(p-a)*(p-b)*(p-c));
     printf("三角形面积s=%f\n",s);
    }
 else
    printf("不构成三角形!");
return 0;
}
```

【运行结果】

```
请输入三角形的边长a,b,c:3 4 5
三角形面积s=6.000000

--------------------------------
Process exited after 2.976 seconds with return value 0
请按任意键继续. . .
```

提　高　篇

任务 3.6　学生信息管理系统 2

【例 3-9】从学生信息管理系统中输出学生期末总成绩，并判断输入的成绩是否正确。

【程序代码】

```
void main()
{
    int cLanguage,math,english,sum=0;
    printf("请输入该学生的C语言成绩：\n");
    scanf("%d",&cLanguage);
    if(0<=cLanguage&&cLanguage<=100)
    {
        printf("请输入该学生的高数成绩：\n");
        scanf("%d",&math);
        if(0<=math&&math<=100)
        {
            printf("请输入该学生的大学英语成绩：\n");
            scanf("%d",&english);
            if(0<=english&&english<=100)
            {
                sum=cLanguage+math+english;
                printf("该学生期末总成绩是%d\n",sum);
            }
            else
            {
                printf("学生成绩为0~100的整数，输入数据无效!\n");
            }
        }
        else
        {
            printf("学生成绩为0~100的整数，输入数据无效!\n");
        }
    }
    else
    {
        printf("学生成绩为0~100的整数，输入数据无效!\n");
    }
```

【运行结果】

```
请输入该学生的C语言成绩:
75
请输入该学生的高数成绩:
85
请输入该学生的大学英语成绩:
95
该学生期末总成绩是255
请按任意键继续. . .
```

【例 3-10】改进学生信息管理系统，使其能验证输入选项是否正确。

【程序代码】

```
#include <stdio.h>
void main()
{
   int option;
   printf("\t\t*******************学生信息管理系统菜单********************\n");
   printf("\t\t    1.编辑\n");
   printf("\t\t    2.显示 \n");
   printf("\t\t    3.查询\n");
   printf("\t\t    4.排序\n");
   printf("\t\t    5.统计\n");
   printf("\t\t    6.文件\n");
   printf("\t\t    0.退出\n");
   printf("\t\t************************************************************\n");
   printf("\t\t 请选择(0~6):");
   scanf("%d",&option);
   switch(option)
   {
      case 1:
         /*后续将用具体代码实现功能，此处的输出信息代表已经正确地选择了
         该选项，下同*/
         printf("编辑学生信息!\n");
         break;
      case 2:
         printf("显示学生信息!\n");
         break;
      case 3:
         printf("查询学生信息!\n");
         break;
      case 4:
         printf("排序学生信息!\n");
         break;
      case 5:
         printf("统计学生信息!\n");
         break;
      case 6:
         printf("读写学生信息!\n");
         break;
      case 0:
         printf("退出系统!\n");
         break;
      default:
```

```
            printf("您输入的选项不存在，请重新输入!\n");
            break;
        }
    }
```

【运行结果】

```
              ********************学生信息管理系统菜单********************
                  1.编辑
                  2.显示
                  3.查询
                  4.排序
                  5.统计
                  6.文件
                  0.退出
              ************************************************************
               请选择(0~6):5
统计学生信息!
请按任意键继续. . .
```

思考练习

1．输入3个数，求出最大值。

2．输入1个数，判断这个数是奇数还是偶数。

3．输入身高和体重，计算身体的质量指数（BMI），当BMI小于18时，显示“体形偏瘦”；当BMI在18～25时，显示“体形正常”；当BMI大于25时，显示“体形偏胖”。

BMI=体重（千克）/身高^2（米）

4．假设坐标轴是圆心，圆的半径是2，判断坐标上的点是在圆内、圆外，还是在圆上。

5．商场举办购物节，当购物金额不满500元时，没有折扣；满500元且小于1500元，打9折；满1500且小于3000元，打8折；3000元及以上，打7折，请根据以上信息，计算最终的购物金额。

6．输入年和月，输出该月的天数。

7．先输入a和b的值，再根据输入的加、减、乘、除符号计算结果。

项目四　循环结构程序设计

知识目标

- 了解循环结构
- 掌握 while 语句的用法
- 掌握 do…while 语句的用法
- 掌握 for 语句的用法
- 掌握循环嵌套
- 熟悉 break 语句和 continue 语句的用法

技能目标

- 学会在程序设计中利用循环结构解决实际问题
- 学会使用 break 语句和 continue 语句解决实际问题

素质目标

- 通过案例让学生理解“勤学如初起之苗，不见其增，日有所长；辍学如磨刀之石，不见其损，日有所亏”，培养学生积极进取、努力拼搏的精神
- 培养学生的工匠精神，提高综合职业素养

现实生活中还存在更复杂的循环，大家都听过“愚公移山”的故事，愚公一家人周而复始、锲而不舍地搬运石土，终于移走了大山。在自然界中，春、夏、秋、冬轮番更替，年复一年。针对这种循环往复的情况，该如何用程序实现呢？本项目主要介绍了 while 语句、do...while 语句、for 语句等几种循环结构的构成语句。

基　础　篇

任务 4.1　循环结构

前面项目已经介绍了选择结构，但在实际应用中会遇见更复杂的问题，例如，计算全年级 2000 名学生的平均成绩，需要重复执行 2000 次相同的操作，完成这种重复执行的操作需要用到循环结构。C 语言中的循环结构主要由三种语句构成：while 语句、do...while 语句和 for 语句。

任务 4.2　while 语句

while 语句可根据表达式决定是否执行花括号中的执行语句，并反复进行条件判断，当条件成立（即表达式为真）时，花括号中的执行语句会一直被执行。while 语句的语法格式如下：

```
while (表达式)
{
    执行语句
}
```

执行语句也被称为循环体，当执行语句只有一条语句时，可省略{}。当表达式的值为真（以非零值表示）时，执行执行语句；当表达式的值为假（以 0 表示）时，不执行执行语句，结束循环。

while 语句的执行流程图，如图 4-1 所示。

while 语句可简单地记为只要表达式的值为真，就执行执行语句。接下来，通过实例熟悉 while 语句的使用方法。

【例 4-1】 计算 1+2+⋯+*n* 的值，其中 *n* 的值由用户输入。

【解题思路】

在计算 1+2+⋯+*n* 的值过程中，首先将前两个数字相加，即计算 1+2，结果为 3，然后将计算结果与数字 3 相加，即计算 3+3 等于 6，用同样的方式，一直相加到数字 *n*。

在程序中，变量 i 表示将要计算的数字，sum 用于记录累加和。通过循环结构改变变量 i 的值，每次递增 1，并将 i 的值累加到 sum 中。为了使思路更加清晰，绘制流程图，如图 4-2 所示。

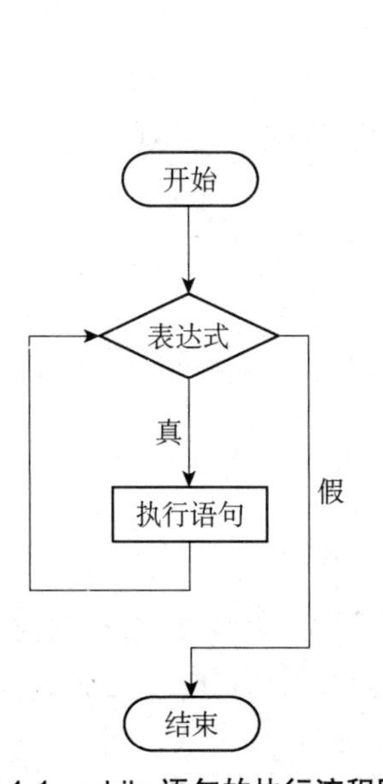

图 4-1　while 语句的执行流程图

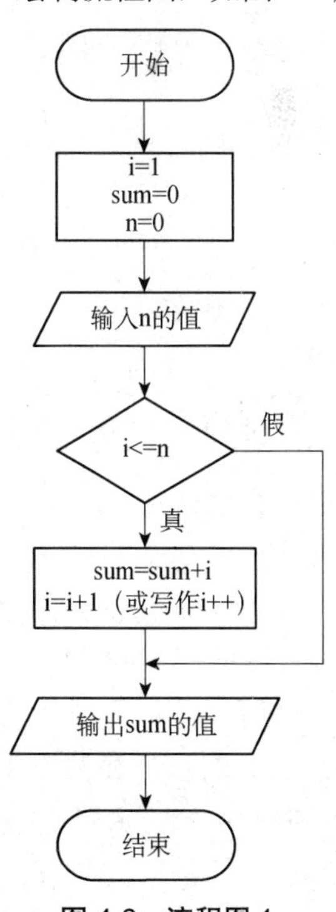

图 4-2　流程图 1

【程序代码】

```
#include <stdio.h>
int main()
{
    int i = 1, sum = 0, n = 0;  //变量初始化
    printf("请输入n的值：");
    scanf("%d", &n);            //输入n的值
    while (i <= n)              //当i<=n时，条件成立，执行循环体
    {
        sum = sum + i;          //计算累加和
        i++;                    //i的值加1，为下次累加做准备
    }
    printf("sum = %d", sum);    //输出累加和
    return 0;
}
```

【运行结果】

E:\AllPrograms\CPrograms\chapter4\4-1.exe

```
请输入n的值：10
sum = 55
--------------------------------
Process exited after 2.166 seconds with return value 0
请按任意键继续. . .
```

【程序分析】

① 定义三个变量 i、sum 和 n 并初始化。

② 使用 scanf 函数输入变量 n 的值；

③ 使用 while 语句将变量 i 从 1 开始递增，计算累加和 sum，i 每次递增 1，直至等于 n。

④ 使用 printf 函数打印累加和 sum。

注意事项：

① 不要忽略给变量 i、sum、n 赋初始值。养成良好的习惯，在定义变量时直接给变量赋初始值。

② while 语句包括多条循环语句，要使用{}括起来。

③ 在执行累加操作时，一定要修改变量 i 的值，否则会陷入死循环，即一直执行下去，不会结束循环。

思考：两条执行语句的顺序是否可以改变?即先执行 i=i+1，再执行 sum=sum+i。

俗话说，每天进步一点点，前进不止一小点。接下来，我们通过循环结构来记录每天的进步，经过 365 天会发生怎样的变化呢？

【例 4-2】分别记录每天进步一点点和每天懒惰一点点的变化，看一年后会有什么结果，即分别求 1.1 和 0.9 的 365 次方。

【解题思路】

在数学中计算 0.9^{365} 是将 365 个 0.9 相乘，在程序中是通过循环结构重复执行 365 次 0.9 的相乘操作。同理，使用同样的方法计算 1.1^{365}。为了使思路更加清晰，绘制流程图，如图 4-3 所示。

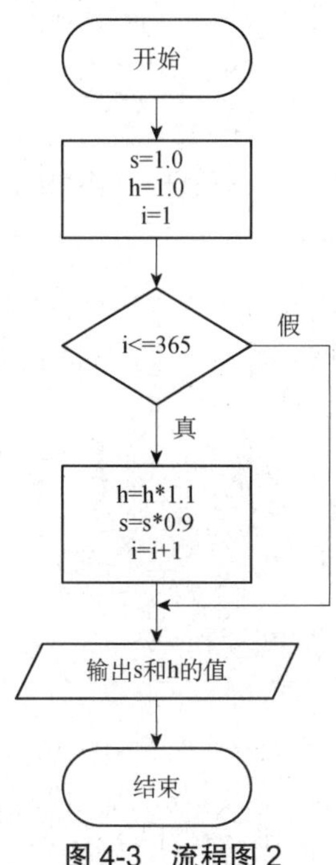

图 4-3　流程图 2

【程序代码】

```c
#include <stdio.h>
int main()
{
    float s = 1.0, h = 1.0;       //用于记录乘积
    int i = 1;                    //变量初始化
    while (i <= 365)              //当i<=365时，条件成立，执行循环体
    {
        h = h * 1.1;              //计算1.1的乘积
        s = s * 0.9;              //计算0.9的乘积
        i = i + 1;                //i的值加1，为下次累加做准备
    }
    printf("每天进步一点点，一年后为：%.4f\n", h);
    printf("每天懒惰一点点，一年后为：%.4f\n", s);
    return 0;
}
```

【运行结果】

```
E:\AllPrograms\CPrograms\chapter4\4-2.exe
每天进步一点点，一年后为：1283306431709184.0000
每天懒惰一点点，一年后为：0.0000

--------------------------------
Process exited after 0.3762 seconds with return value 0
请按任意键继续. . .
```

【程序分析】

① 由于 0.9 和 1.1 的乘积都是小数，因此，定义变量 s 和 h 分别用于记录 0.9、1.1 的乘积，数据类型为 float 型。

② 初始化变量 i，表示相乘次数。

③ 执行 while 语句 365 次，每次都计算 0.9 的乘积和 1.1 的乘积。

④ 使用 printf 函数打印 s 和 h。

任务 4.3　do…while 语句

do…while 语句和 while 语句的功能类似，二者的区别在于 while 语句是先判断表达式，再决定是否执行执行语句；do…while 语句是先执行一次执行语句，再判断表达式。do…while 语句的语法格式如下：

```
do
{
    执行语句
}while(表达式);
```

先执行一次执行语句，然后判断表达式，若表达式真（以非零值表示），再执行执行语句；若表达式为假（以 0 表示），则不执行执行语句，结束循环。

do…while 语句的执行流程图，如图 4-4 所示。

do…while 语句可简单地记为先无条件执行执行语句，只要表达式为真，就再执行执行语句。接下来通过实例熟悉 do…while 语句的使用。

【例 4-3】 计算 1+2+…+*n* 的值。在程序中，n 的值由用户输入（使用 do…while 语句实现）。

【解题思路】

解题思路与例 4-1 一样，但这里需要使用 do…while 语句实现。需要特别注意的是，do…while 语句是先执行一次执行语句，再判断表达式。为了使思路更加清晰，绘制流程图，如图 4-5 所示。

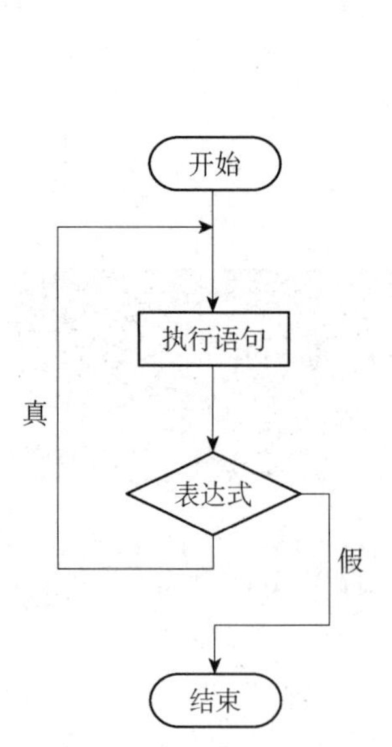

图 4-4　do…while 语句的执行流程图

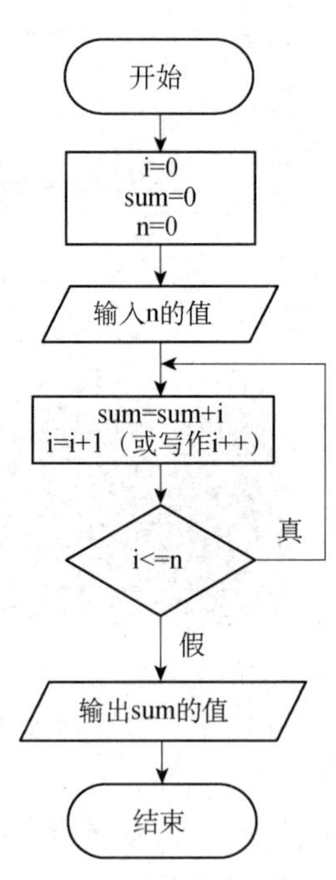

图 4-5　流程图 3

【程序代码】

```c
#include <stdio.h>
int main()
{
    int i = 0, sum = 0, n = 0;  //变量初始化
    printf("请输入n的值：");
    scanf("%d", &n);            //输入n的值
    do
    {
        sum = sum + i;          //计算累计和
        i++;                    //i的值加1，为下次累加做准备
    }while(i <= n);
    printf("sum = %d", sum);    //输出累加和
    return 0;
}
```

【运行结果】

```
E:\AllPrograms\CPrograms\chapter4\4-3.exe
请输入n的值：10
sum = 55
--------------------------------
Process exited after 3.14 seconds with return value 0
请按任意键继续. . .
```

【程序分析】

① 定义 3 个变量 i、sum 和 n 并进行初始化。注意，因为使用的是 do…while 语句，要先执行一次执行语句再判断表达式，所以 i 的初始值为 0。

② 使用 scanf 函数输入变量 n 的值。

③ 使用 do…while 语句让变量 i 从 0 开始递增，计算累加和 sum，i 每次递增 1，直至为 i 等于 n。

④ 使用 printf 函数打印 sum。

思考：可以将 i 的初始值赋为 1 吗?

【例 4-4】 请用 do…while 语句分别求 1.1 和 0.9 的 365 次方。

【解题思路】

解题思路与例 4-2 一样，但这里需要使用 do…while 语句实现。为了使思路更加清晰，绘制流程图，如图 4-6 所示。

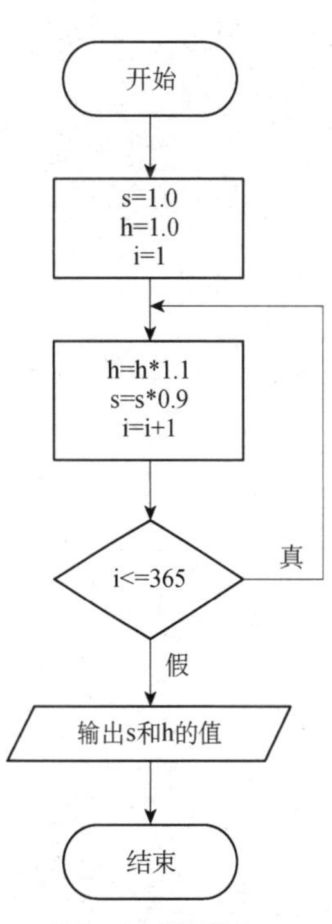

图 4-6　流程图 4

【程序代码】

```c
#include <stdio.h>
int main()
{
    float s = 1.0, h = 1.0;      //用于记录乘积
    int i = 1;                   //变量初始化
    do
    {
        h = h * 1.1;             //计算1.1的乘积
        s = s * 0.9;             //计算0.9的乘积
        i = i + 1;               //i的值加1，为下次累加做准备
    } while (i <= 365);          //当i<=365时，条件成立，执行循环体
    printf("每天进步一点点，一年后为：%.4f\n", h);
    printf("每天懒惰一点点，一年后为：%.4f\n", s);
    return 0;
}
```

【运行结果】

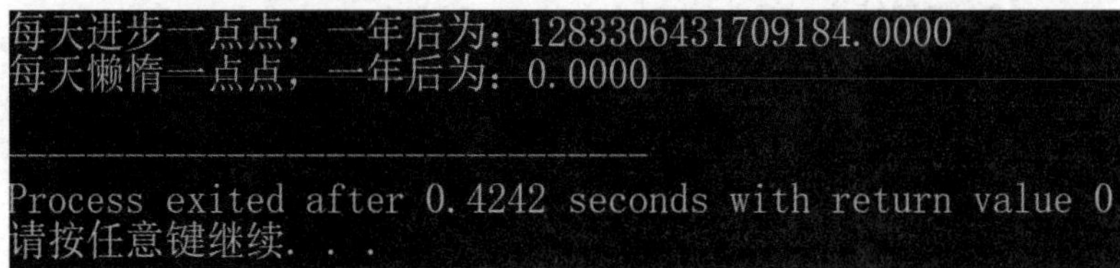

【程序分析】

使用 do…while 语句与使用 while 语句的方法的不同之处就是将 while 改为了 do…while，其他语句和初始值保持不变。

【例 4-5】 请用 do…while 语句求 $n!$。

【解题思路】

$n!$表示 n 的阶乘，即 $n!=1\times2\times3\cdots\times(n-2)\times(n-1)\times n$，与计算 $1+2+\cdots+n$ 类似。首先将前两个数字相乘，即计算 1×2 等于 2，然后将计算结果与数字 3 相乘，即计算 2×3 等于 6，用同样的方式，一直计算到与 n 相乘。

变量 i 表示将要相乘的数字，fac 用于记录乘积。通过循环结构改变变量 i 的值，每次递增 1，并将 i 的值与 fac 的值相乘，将结果赋给 fac。本例要求用 do…while 语句实现。为了使思路更加清晰，绘制流程图，如图 4-7 所示。

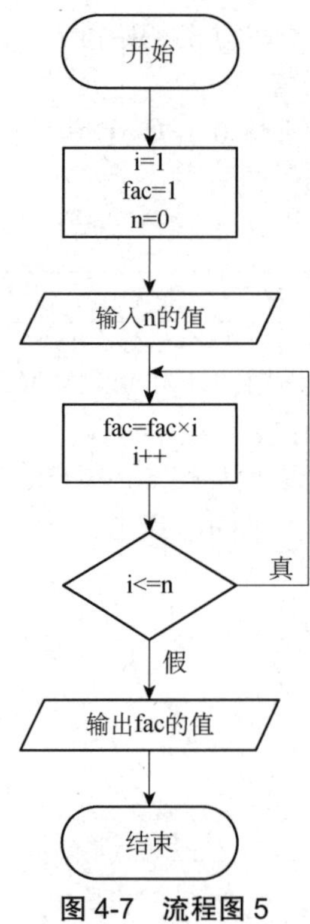

图 4-7　流程图 5

【程序代码】

```
#include <stdio.h>
int main()
{
    int i = 1, fac = 1, n = 0;    //变量初始化
    printf("请输入n的值：");
    scanf("%d", &n);              //输入n的值
    do
    {
        fac = fac * i;            //计算阶乘
        i++;                      //i的值加1，为下次做准备
    }while(i <= n);
    printf("fac = %d", fac);      //输出阶乘的值
    return 0;
}
```

【运行结果】

```
E:\AllPrograms\CPrograms\chapter4\4-5.exe
请输入n的值：5
fac = 120
--------------------------------
Process exited after 2.404 seconds with return value 0
请按任意键继续. . .
```

【程序分析】

① 定义 3 个变量 i、fac 和 n，分别表示将要相乘的数字、乘积的值和变量 n，它们的初始值分别为 1、1 和 0。注意，fac 的初始值是 1，而不是 0。

② 使用 scanf 函数输入变量 n 的值；

③ 使用 do…while 语句让变量 i 从 1 开始递增，计算乘积 fac，i 每次递增 1，直至等于 n。

④ 使用 printf 函数打印 fac 的值。

任务 4.4　for 语句

除了 while 和 do…while 语句外，还有 for 语句，for 语句不仅可用于循环次数确定的情况，还可用于循环次数不确定的情况。for 语句的语法格式如下：

```
for(初始化表达式; 循环条件; 操作表达式)
{
    执行语句
}
```

进入 for 语句，首先执行初始化表达式，该表达式只会被执行一次；其次，判断循环条件，若为真（以非零值表示），则先执行执行语句，后执行操作表达式，然后再次判断循环条件，重复上述操作，直至循环条件为假（以 0 表示），结束循环。

for 语句的执行流程图，如图 4-8 所示。

接下来，通过实例熟悉 for 语句的使用。

【例 4-6】计算 1+2+…+n 的值，其中 n 由用户输入（使用 for 语句实现）。

【解题思路】

解题思路与例 4-1 一样，但需要使用 for 语句实现。为了使思路更加清晰，绘制流程图，如图 4-9 所示。

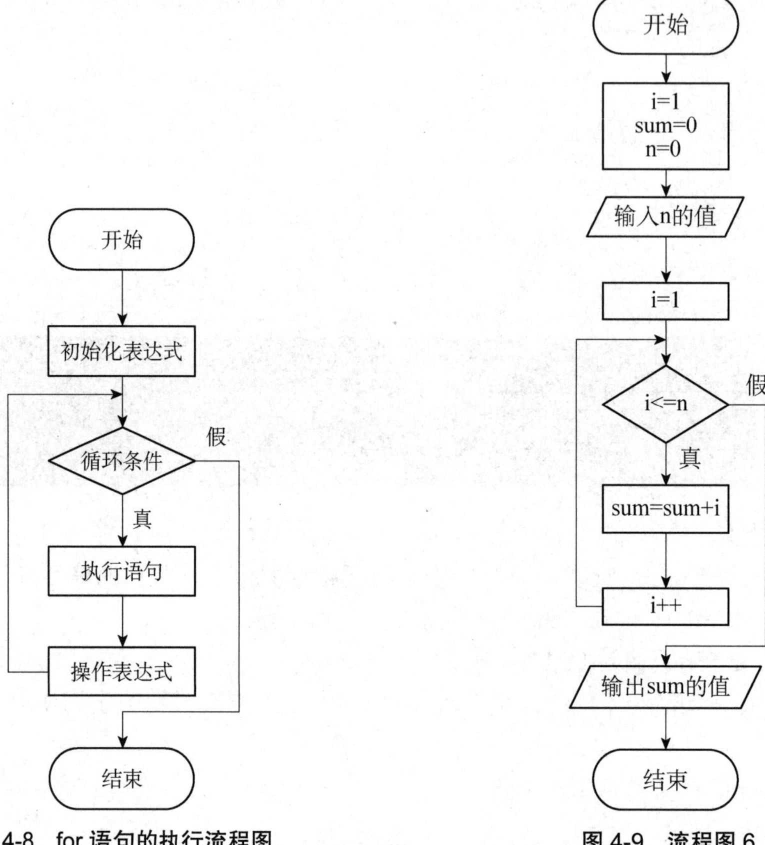

图 4-8　for 语句的执行流程图　　　　图 4-9　流程图 6

【程序代码】

```
#include <stdio.h>
int main()
{
    int i = 1, sum = 0, n = 0;  //变量初始化
    printf("请输入n的值：");
    scanf("%d", &n);            //输入n的值
    for(i = 1; i <= n; i++)
    {
        sum = sum + i;          //计算累计和
    }
    printf("sum = %d", sum);    //输出累加和
    return 0;
}
```

【运行结果】

E:\AllPrograms\CPrograms\chapter4\4-6.exe

```
请输入n的值：10
sum = 55
--------------------------------
Process exited after 3.293 seconds with return value 0
请按任意键继续. . .
```

【程序分析】

在此，特别注意 for 语句中的各表达式的执行顺序，首先执行 i=1，该语句只执行一次，然后判断 i 是否小于等于 n，若是则执行语句 sum=sum+i，再执行语句 i++，接着判断循环条件，重复上述操作，直至不满足循环条件，结束循环。

【例 4-7】请用 for 语句分别求 1.1 和 0.9 的 365 次方。

【解题思路】

解题思路与例 4-2 一样，但需要使用 for 语句实现。为了使思路更加清晰，绘制流程图，如图 4-10 所示。

【程序代码】

```
#include <stdio.h>
int main()
{
    float s = 1.0, h = 1.0;      //用于记录乘积
    int i = 1;                   //变量初始化
    for(i = 1; i <= 365; i++)
    {
        h = h * 1.1;             //计算1.1的乘积
        s = s * 0.9;             //计算0.9的乘积
    }
    printf("每天进步一点点，一年后为：%.4f\n", h);
    printf("每天懒惰一点点，一年后为：%.4f\n", s);
    return 0;
}
```

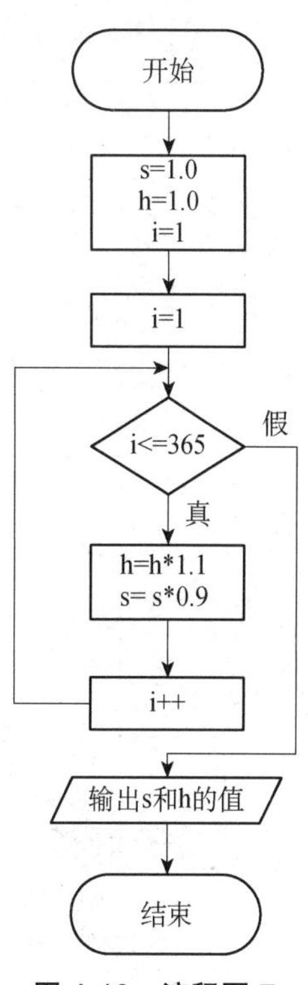

图 4-10　流程图 7

【运行结果】

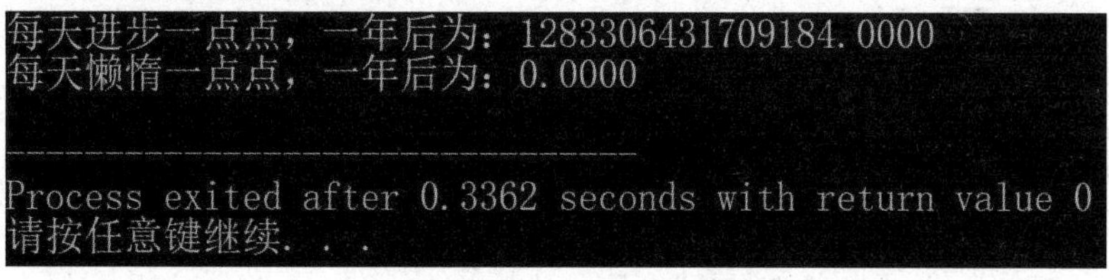

【程序分析】

在此，要特别注意 for 语句的执行顺序，首先执行 i=1，该语句只执行一次，然后判断 i 是否小于或等于 365，若是则执行语句 h=h*1.1 和 s=s*0.9，之后执行语句 i++，接着判断循环条件，重复上述操作，直至不满足循环条件，结束循环。

【例 4-8】首届奥运会于 1896 年在希腊雅典举办，此后每 4 年举办一次，若奥运会因故不能举办，届数照算。截至 2022 年，请列举每届奥运会的举办年份（请用 for 语句实现）。

【解题思路】

奥运会从 1896 年开始举办，此后每 4 年举办一次，虽然期间因为某些原因不能如期举

办，但是届数照算，那么，1896 年为第一届，1900 年为第二届……使用变量 start 表示首届举办时间，每届叠加 4，打印出奥运会举办届数与时间，直至 2022 年。为了使思路更加清晰，绘制流程图，如图 4-11 所示。

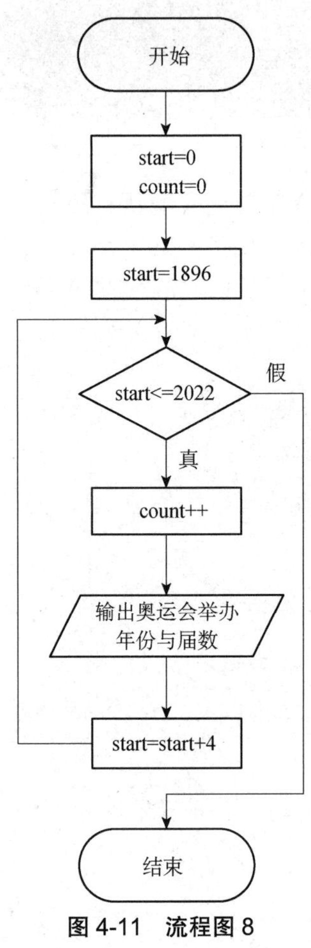

图 4-11　流程图 8

【程序代码】

```
#include <stdio.h>
int main()
{
    int start = 0, count = 0;        //变量初始化
    for(start = 1896; start <= 2022; start = start + 4) //每四年举办一次
    {
        count++;
        printf("%d是第%d届奥运会\n", start, count);     //打印结果
    }
}
```

【运行结果】

```
E:\AllPrograms\CPrograms\chapter4\4-8.exe
1896是第1届奥运会
1900是第2届奥运会
1904是第3届奥运会
1908是第4届奥运会
1912是第5届奥运会
1916是第6届奥运会
1920是第7届奥运会
1924是第8届奥运会
1928是第9届奥运会
1932是第10届奥运会
1936是第11届奥运会
1940是第12届奥运会
1944是第13届奥运会
1948是第14届奥运会
1952是第15届奥运会
1956是第16届奥运会
1960是第17届奥运会
1964是第18届奥运会
1968是第19届奥运会
1972是第20届奥运会
1976是第21届奥运会
1980是第22届奥运会
1984是第23届奥运会
1988是第24届奥运会
1992是第25届奥运会
1996是第26届奥运会
2000是第27届奥运会
2004是第28届奥运会
2008是第29届奥运会
2012是第30届奥运会
2016是第31届奥运会
2020是第32届奥运会
```

【程序分析】

① 定义 2 个变量 start 和 count，分别表示年份和届数，初始值都为 0。

② 首届奥运会的举办年份是 1896 年，因此 start=1896；若截止年份是 2022 年，则 start<=2022；奥运会每四年举办一次，因此每届叠加 4，即 start=start+4。

③ 使用 for 语句打印年份和届数。

任务 4.5　循环嵌套

前面介绍了 while、do…while 和 for 语句的使用方法，接下来要学习较复杂的循环问题——循环嵌套。循环嵌套是指一个循环结构包含另一个循环结构。在 C 语言中，while、do…while、for 语句可以互相嵌套，循环嵌套格式如图 4-12 所示。

```
(1) while              (2) do                 (3) for(;;)
    {                      {                      {
        ...                    ...                    ...
        while()                do                     for(;;)
        {                      {                      {
            ...                    ...                    ...
        }                      }while();              }
        ...                    ...                    ...
    }                      }while();              }

(4) while              (5) do                 (6) for(;;)
    {                      {                      {
        ...                    ...                    ...
        do                     while                  while()
        {                      {                      {
            ...                    ...                    ...
        }while();              }                      }
        ...                    ...                    ...
    }                      }while();              }

(7) while              (8) do                 (9) for(;;)
    {                      {                      {
        ...                    ...                    ...
        for(;;)                for(;;)                do
        {                      {                      {
            ...                    ...                    ...
        }                      }                      }while();
        ...                    ...                    ...
    }                      }while();              }
```

图 4-12　循环嵌套格式

【例 4-9】打印左下三角形形式的九九乘法表，如图 4-13 所示。

```
1*1=1
2*1=2   2*2=4
3*1=3   3*2=6   3*3=9
4*1=4   4*2=8   4*3=12  4*4=16
5*1=5   5*2=10  5*3=15  5*4=20  5*5=25
6*1=6   6*2=12  6*3=18  6*4=24  6*5=30  6*6=36
7*1=7   7*2=14  7*3=21  7*4=28  7*5=35  7*6=42  7*7=49
8*1=8   8*2=16  8*3=24  8*4=32  8*5=40  8*6=48  8*7=56  8*8=64
9*1=9   9*2=18  9*3=27  9*4=36  9*5=45  9*6=54  9*7=63  9*8=72  9*9=81
```

图 4-13　九九乘法表

【解题思路】

九九乘法表为 9 行、9 列，本例要求输出左下三角形形式的九九乘法表，通过观察发现，第 1 行只有 1 列，第 2 行有 2 列，第 3 行有 3 列，那么，第 i 行就有 i 列。因此，使用外层循环控制行数，使用内层循环控制列数，但是列数最多只有 9 列。

【程序代码】

```
#include <stdio.h>
int main()
{
    int i = 1, j = 1;
    for(i = 1; i <= 9; i++)          //外层循环控制行数
    {
        for(j = 1; j <= i; j++)      //内层循环控制列数，最多只能有9列
        {
            printf("%d*%d=%d\t", i, j, (i*j));        //打印结果
        }
        printf("\n");
    }
    return 0;
}
```

【运行结果】

```
E:\AllPrograms\CPrograms\chapter4\4-13.exe
1*1=1
2*1=2   2*2=4
3*1=3   3*2=6   3*3=9
4*1=4   4*2=8   4*3=12  4*4=16
5*1=5   5*2=10  5*3=15  5*4=20  5*5=25
6*1=6   6*2=12  6*3=18  6*4=24  6*5=30  6*6=36
7*1=7   7*2=14  7*3=21  7*4=28  7*5=35  7*6=42  7*7=49
8*1=8   8*2=16  8*3=24  8*4=32  8*5=40  8*6=48  8*7=56  8*8=64
9*1=9   9*2=18  9*3=27  9*4=36  9*5=45  9*6=54  9*7=63  9*8=72  9*9=81

--------------------------------
Process exited after 0.3779 seconds with return value 0
请按任意键继续. . .
```

【程序分析】

① 定义 2 个变量 i 和 j，分别用于表示行数和列数。

② 外层循环的 for 语句用来控制行数，从第 1 行至第 9 行；内层循环的 for 语句用来控制列数，从第 1 列至第 i 列。当 i=1 时，先输出“ 1*1=1”，然后换行输出第 2 行的所有元素，直至输出第 9 行的所有元素。

任务 4.6　break 语句和 continue 语句

前面任务介绍的都是正常执行循环和终止循环的情况，但有时需要提前结束循环，这种情况该怎么办呢？可以使用 break 语句和 continue 语句。

4.6.1　break 语句

在学习 switch 语句时，我们已经接触过 break 语句的用法了。同样地，break 语句也可以用于跳出循环结构，结束循环。

【例 4-10】请阅读以下程序，回答 sum 的值为多少。

【程序代码】

```
#include <stdio.h>
int main()
{
    int i = 1, sum = 0;
    for(i = 1; i <= 10; i++)
    {
        if(i == 5)
        {
            break;
        }
        sum = sum + i;
    }
    printf("sum = %d", sum);
    return 0;
}
```

【运行结果】

```
E:\AllPrograms\CPrograms\chapter4\4-10.exe
sum = 10
--------------------------------
Process exited after 0.384 seconds with return value 0
请按任意键继续. . .
```

【程序分析】

for 语句中的 i 从 1 递增至 10，但是当执行语句中的 i 等于 5 时，执行了 break 语句，并跳出了当前循环，因此该程序只计算了 1+2+3+4 的值，最终输出的 sum 的值等于 10。

【例 4-11】请阅读以下程序，回答 sum 的值为多少。

【程序代码】

```c
#include <stdio.h>
int main()
{
    int i = 0, j = 0, sum = 0;
    for(i = 1; i <= 3; i++)
    {
        for(j = 1; j <= 3; j++)
        {
            if(j == 2)
                break;
            sum = sum + (i * j);
        }
    }
    printf("sum = %d", sum);
    return 0;
}
```

【运行结果】

```
E:\AllPrograms\CPrograms\chapter4\4-11.exe
sum = 6
--------------------------------
Process exited after 0.0895 seconds with return value 0
请按任意键继续. . .
```

【程序分析】

该程序采用了嵌套 for 语句，外层循环的 i 从 1 递增至 3，内层循环的 i 从 1 递增至 3，当内层循环的 j 等于 2 时，执行 break 语句，跳出了当前循环。注意，break 语句只能跳出当前循环，当前循环是指内层循环，因此，最终的输出结果为：sum=6。

4.6.2 continue 语句

有时不希望结束整个循环，而只结束本次循环，并执行下一次循环，这时可以用 continue 语句。

【例 4-12】请阅读以下程序，回答 sum 的值为多少。

【程序代码】

```c
#include <stdio.h>
int main()
{
    int i = 1, sum = 0;
    for(i = 1; i <= 10; i++)
    {
        if(i == 5)
        {
            continue;
        }
        sum = sum + i;
    }
    printf("sum = %d", sum);
    return 0;
}
```

【运行结果】

E:\AllPrograms\CPrograms\chapter4\4-12.exe

```
sum = 50
--------------------------------
Process exited after 0.368 seconds with return value 0
请按任意键继续. . .
```

【程序分析】

for 语句的 i 从 1 递增至 10，但是当执行语句中的 i 等于 5 时，执行 continue 语句跳过本次循环，接着执行下一次循环，即接着 i=6 继续执行，因此只计算了 1+2+3+4+6+7+8+9+10，最终的输出结果为：sum=50。

由此可见，break 语句和 continue 语句的区别在于，break 语句的作用是跳出当前循环，而 continue 语句的作用是跳过本次循环，接着执行下一次循环。

进　阶　篇

任务 4.7　循环嵌套实例

循环嵌套较为灵活、复杂，能够解决不少实际问题，应用普遍。接下来通过几个实例来巩固循环嵌套的知识。

【例 4-13】 使用循环嵌套输出以下 5 行、5 例的矩阵。

1	2	3	4	5
6	7	8	9	10
11	12	13	14	15
16	17	18	19	20
21	22	23	24	25

【解题思路】

该矩阵是 5 行、5 列的，其中的元素值是 1～25 的自然数。循环结构一次只能输出 1 行或者 1 列元素，而这里既有行元素，又有列元素，因此需要使用循环嵌套，外层循环用来控制行数，内层循环用来控制列数。

【程序代码】

```
#include <stdio.h>
int main()
{
    int i = 1, j = 1;
    for(i = 1; i <= 5; i++)           //外层循环用来控制数，
    {
        for(j = 1; j <= 5; j++)       //内层循环用来控制行数，
        {
            printf("%d \t", (i-1)*5+j);     //输出矩阵元素
        }
        printf("\n");                 //换行
    }
    return 0;
}
```

【运行结果】

```
E:\AllPrograms\CPrograms\chapter4\4-9.exe
1       2       3       4       5
6       7       8       9       10
11      12      13      14      15
16      17      18      19      20
21      22      23      24      25

--------------------------------
Process exited after 0.4962 seconds with return value 0
请按任意键继续. . .
```

【程序分析】

① 定义 2 个变量 i 和 j，分别用于表示行数和列数。

② 外层循环用来控制行数，从第 1 行至第 5 行；内层循环用来控制列数，从第 1 列至第 5 列。当 i=1 时，先输出每一列的元素，然后换行，接着输出第二行的所有元素，直到输出第 5 行的所有元素，其中，元素值与行、列的关系满足：元素值=(i−1)*5+j。

【例 4-14】求 100～200 的全部素数。

【解题思路】

素数又称质数，是指在大于 1 的自然数中，除了 1 和它本身，不再有其他因数的自然数。判断某个数 *n* 是否是素数，可先判断 *n* 是否能被 2 整除，再判断 *n* 是否能被 3 整除……一直判断到 *n* 是否能被 *n*−1 整除，如果都不能被整除，则 *n* 是素数，否则不是素数。

本例需要用到循环嵌套，外层循环用于遍历从 100 到 200 的数字，内层循环用于遍历从 2 到 n−1 的数字。

【程序代码】

```
#include <stdio.h>
int main()
{
    int i = 0, j = 0;
    for(i = 100; i <= 200; i++)      //外层循环用来控制数字从100~200
    {
        for(j = 2; j < i; j++)       //内层循环来用判断数字i是否为素数
        {
            if(i % j == 0)
                break;
        }
        if(j >= i)                   //当j大于等于i时，表示i是素数
            printf("%d  ", i);
    }
    return 0;
}
```

【运行结果】

```
E:\AllPrograms\CPrograms\chapter4\4-14.exe
101  103  107  109  113  127  131  137  139  149  151  157
163  167  173  179  181  191  193  197  199
--------------------------------
Process exited after 0.4068 seconds with return value 0
请按任意键继续. . .
```

【程序分析】

① 定义 2 个变量 i 和 j，初始值都为 0。

② 外层循环用来遍历取值，从 100 到 200；内层循环用来遍历数字 i，从 2 到 i−1。当 i 被 j 整除，即 i%j==0 时，跳出内层循环，表示 i 不是素数；当 i 不能被 2～i−1 的任何一个数字整除时，j 等于 i，退出内层循环，因此当 j>=i 时，i 为素数，输出 i。

【例 4-15】中国古代数学家张丘建在《算经》中提出了著名的“百钱买百鸡”问题：鸡翁一，值钱五，鸡母一，值钱三，鸡雏三，值钱一，百钱买百鸡，问翁、母、雏各几何？

【解题思路】

5 文钱可以买 1 只公鸡，3 文钱可以买一只母鸡，1 文钱可以买 3 只小鸡，100 文钱买了 100 只鸡，请问公鸡、母鸡和小鸡各多少只？

100 文钱如果全部用来买公鸡，则最多买 20 只；如果全部用来买母鸡，则最多买 33 只；如果全部用来买小鸡，则最多买 150 只。要计算出结果需要满足 3 个条件：①小鸡的数量能被 3 整除；②公鸡、母鸡、小鸡的总数等于 100；③买公鸡的钱+买母鸡的钱+买小鸡的钱= 100。

【程序代码】

```
#include <stdio.h>
int main()
{
    int rooster = 0, hen = 0, chick = 0;
    for(rooster = 0; rooster <= 20; rooster++)      //遍历公鸡数量
    {
        for(hen = 0; hen <= 33; hen++)              //遍历母鸡数量
        {
            for(chick = 0; chick <= 100; chick++)   //遍历小鸡数量
            {
                if( (chick % 3 == 0) &&             //1. 小鸡数量为3的倍数
                (rooster + hen + chick == 100) &&   //2. 公鸡数量+母鸡数量+小鸡数量等于100
                (5*rooster + 3*hen + chick/3) == 100)//3. 买公鸡的钱+买母鸡的钱+买小鸡的钱等于100
                    printf("公鸡：%d只，母鸡:%d只，小鸡:%d\n", rooster, hen, chick);
            }
        }
    }
    return 0;
}
```

【运行结果】

```
E:\AllPrograms\CPrograms\chapter4\4-15.exe
公鸡：0只，母鸡:25只，小鸡:75
公鸡：4只，母鸡:18只，小鸡:78
公鸡：8只，母鸡:11只，小鸡:81
公鸡：12只，母鸡:4只，小鸡:84

--------------------------------
Process exited after 0.3498 seconds with return value 0
请按任意键继续. . .
```

【程序分析】

① 定义 3 个变量 rooster、hen 和 chick，分别表示公鸡数量、母鸡数量和小鸡数量，初始值都为 0。

② 由于有公鸡、母鸡和小鸡，且要遍历每种可能，因此需要使用三层循环分别遍历公鸡、母鸡和小鸡。第一层循环遍历公鸡，100 文钱最多买 20 只公鸡，因此 rooster 的取值范围为 0～20；第二层循环遍历母鸡，100 文钱最多买 33 只母鸡，因此 hen 的取值范围为 0～33；第三层循环遍历小鸡，最多买 100 只小鸡，因此 chick 的取值范围为 0～100。当满足以下 3 个条件即可求解：①chick%3==0；②rooster+hen+chick=100；③5*rooster + 3*hen + chick/3 == 100。

提 高 篇

任务 4.8　学生信息管理系统 3

【例 4-16】 在学生信息管理系统中输入学生的一门成绩，判断输入的成绩是否正确，若不正确则需要重新输入。

【程序代码】

```
#include <stdio.h>
void main()
{
    int score;
    /*学生的任何一门成绩都必须介于0～100，因此以下代码均适用于输入C语言、高数、大学英语成绩*/
    do {
        printf("请输入学生的成绩：\n");
        scanf("%d",&score);
        if(0<=score&&score<=100)
        {
            break;
        }
        printf("学生成绩为0～100分的整数，请重新输入!\n");
    } while(1);
    printf("学生的成绩是：%d\n",score);
}
```

【运行结果】

```
请输入学生的成绩：
-100
学生成绩为0～100分的整数，请重新输入!
请输入学生的成绩：
150
学生成绩为0～100分的整数，请重新输入!
请输入学生的成绩：
90
学生的成绩是：90
请按任意键继续. . .
```

【例 4-17】改进学生信息管理系统 2，使其能够循环显示学生信息管理系统菜单。

【程序代码】

```
#include <stdio.h>
void main()/*主函数*/
{
    for(;;)
    {
        int option;
        do
        {
            printf("\t\t********************学生信息管理系统菜单********************\n");
            printf("\t\t    1.编辑\n");
            printf("\t\t    2.显示 \n");
            printf("\t\t    3.查询\n");
            printf("\t\t    4.排序\n");
            printf("\t\t    5.统计\n");
            printf("\t\t    6.文件\n");
            printf("\t\t    0.退出\n");
            printf("\t\t**************************************************************\n");
            printf("\t\t 请选择(0~6):");
            scanf("%d",&option);
        }while(option<0||option>6);
        switch(option)
```

```
        {
            case 1:
            /*后续将用具体代码来实现功能，此处输出的信息代表已经正确选择了该选项，下同*/
                printf("编辑学生信息!\n");
                break;
            case 2:
                printf("显示学生信息!\n");
                break;
            case 3:
                printf("查询学生信息!\n");
                break;
            case 4:
                printf("排序学生信息!\n");
                break;
            case 5:
                printf("统计学生信息!\n");
                break;
            case 6:
                printf("读写学生信息!\n");
                break;
            case 0:
                printf("欢迎您下次使用，再见!\n");
                exit(0);
                break;
            default:
                printf("您输入的选项不存在，请重新输入!\n");
                break;
        }
    }
}
```

【运行结果】

```
                    ********************学生信息管理系统菜单********************
                          1. 编辑
                          2. 显示
                          3. 查询
                          4. 排序
                          5. 统计
                          6. 文件
                          0. 退出
                    ************************************************************
                     请选择(0~6):1
编辑学生信息!
                    ********************学生信息管理系统菜单********************
                          1. 编辑
                          2. 显示
                          3. 查询
                          4. 排序
                          5. 统计
                          6. 文件
                          0. 退出
                    ************************************************************
                     请选择(0~6):0
欢迎您下次使用，再见!
请按任意键继续. . .
```

思考练习

一、选择题

1．通常使用（　　）语句跳出当前循环。

A．break　　B．continue　　C．if　　D．以上均可以

2．下列关于 for 循环的描述正确的是（　　）。

A．for 循环只能用于循环次数已经确定的情况

B．for 循环先执行执行语句，后判断表达式

C．在 for 循环中，不能用 break 语句跳出循环

D．for 语句可以包含多条语句，但要用花括号括起来

3．while 和 do…while 的主要区别是（　　）。

A．do…while 的执行语句至少被无条件执行一次

B．while 的循环控制条件比 do…while 的循环控制条件严格

C．do…while 允许从外部转到执行语句内

D．do…while 的执行语句不能是复合语句

4．语句“while(!e);”中的“!e”等价于（　　）。

A．e==0　　B．e!=1　　C．e!=0　　D．~e

5．执行语句“for(i=1;i++<4;);”后，变量 i 的值是（　　）。

A．3　　B．4　　C．5　　D．不定

二、编程题

1．编写一个程序，求 1+2+3+…+100 的值。

2．编写一个程序，当用户输入一个正整数时，把这个正整数的各位数字前后颠倒，并输出颠倒后的数。例如，输入正整数 123，则颠倒后的数是 321。

3．编写一个程序，求出 200～300 的正整数，且满足如下条件：正整数的各位数字之积为 42，正整数的各位数字之和为 12。例如，正整数 237 同时满足 2×3×7 =42、2+3+7=12。

4．一小球从 100 米的高处落下，每次落地后都先反跳原高度的一半，再落下，请问它在第 10 次落地时共经过多长的距离？第 10 次反弹的高度是多少米？

项目五　数　　组

学习目标

- 了解数组的概念
- 掌握一维数组的使用方法
- 掌握二维数组的使用方法
- 掌握字符数组与字符串的使用方法
- 掌握数组的应用

技能目标

- 学会一维数组的使用方法
- 学会二维数组的使用方法
- 学会字符数组的使用方法
- 学会字符串的使用方法

素质目标

- 提高德、智、体、美、劳全面发展的意识
- 重视思想政治素质的培养

程序是在计算机的 CPU 中执行的，数据保存在内存中。数据的存储形式有很多种，最基本的存储形式是变量。变量可以在逻辑简单的程序中完成数据存储的任务，但逻辑复杂的程序需要使用很多变量才能完成数据存储的任务。

为了更加方便地存储批量数据，解决应用中的问题，本项目将详细介绍数组的使用方法。

基　础　篇

任务 5.1　数组的认知

在 C 语言程序设计中，为了处理方便，常把相同数据类型的若干数据有序组织起来，这些按序排列的具有相同数据类型的数据的集合被称为数组。

每个数组在内存中占用一段连续的空间，用于存储相同数据类型的多个数据。比如，使

用数组存储 10 个整数：0、1、2、3、4、5、6、7、8、9，可定义一个数组 int a[10]存储全部整数，其存储空间的呈现形式如下。

0	1	2	3	4	5	6	7	8	9

重点：

① 在 C 语言中，数组属于构造数据类型。

② 数组的存储空间必须是连续的，存储的数据的数据类型必须完全相同。

③ 数组有统一的名字，可使用数组名字加下标的方式确定要访问的数组元素。

④ 数组的下标是从 0 开始的，因此最大下标等于数组长度减 1。

任务 5.2　一维数组的定义、初始化与引用

一维数组指有一个下标的数组，用来存储相同数据类型的多个数据。比如，存储全班同学的“C 语言程序设计”课程的成绩，可以借助一维数组完成。

5.2.1　一维数组的定义

使用 C 语言中的数组应遵循先定义、后使用的原则。

定义一维数组的语法格式为：

```
类型说明符 数组名[常量表达式];
```

例如：

① “int a[10];”，表示定义 a 为一维数组的数组名，内有 10 个整型数组元素。

② “float b[5],c[10];”，表示定义 b 为一维数组的数组名，内有 5 个浮点型数组元素，定义 c 为一维数组的数组名，内有 10 个浮点型数组元素。

说明：

① 类型说明符可以是任意一种基本数据类型或构造数据类型，用于表示数组中存储的数据全部属于该类型。要注意的是，类型说明符指定的是数组中存储的数据的数据类型，并不是数组的类型，因为数组本身就是一种构造数据类型，比如我们常说的整型数组，整型指数组存储的数据为整型数据，而并不是数组的类型。

② 数组名是用户定义的标识符，必须满足标识符的命名规则，不能与其他变量重名。数组名代表数组的首地址。

③ 常量表达式用于表示数组元素的个数，也称数组的长度。注意，数组的长度不能是变量。

5.2.2　一维数组的初始化

定义数组后，计算机内存将开辟一块空间，用于存储这个数组，如果没有对数组进行初始化，数组元素的值就是一个随机数。

数组的初始化的作用是在定义数组时，对数组元素赋值，将赋给数组元素的初始值依次放在一对花括号内。

初始化一维数组的语法格式为：

```
类型说明符 数组名[常量表达式]={常量表列};
```

例如：

① 对数组 a 中的所有数组元素赋初始值。

```
int a[5]={1,2,3,4,5};
```

经过数组的定义和初始化后，得到数组中的各个数组元素的值为：

```
a[0]=1,a[1]=2,a[2]=3,a[3]=4,a[4]=5
```

② 对数组 a 中的部分数组元素赋初始值。

```
int a[5]={1,2,3};
```

经过数组的定义和初始化后，数组中的各个数组元素的值为：

```
a[0]=1,a[1]=2,a[2]=3,其余元素自动赋值为 0, 即 a[3]=0,a[4]=0
```

③ 在对数组 a 中的所有数组元素赋初始值时，可以不指定数组长度。

如："int a[5]={1,2,3,4,5};"。

可改写成："int a[ ]={1,2,3,4,5};"。

说明：

① 数组的初始化是在编译阶段进行的，因此会减少程序运行时间，提高程序运行效率。

② 必须在定义数组的同时赋初始值，如"int a[3]={1,2,3};"不可分成 2 条语句，"int a[3]; a={1,2,3};"是错误的，因为 a 不是变量。

③ 花括号中"常量表列"的每个值必须是数据类型相同的常量值，它只能给数组的数组元素逐个赋值。

④ 花括号中"常量表列"的常量个数不能大于定义的数组长度。若常量个数等于定义的数组长度，则表示对数组的全部数组元素赋值，此时的数组长度可以省略。若常量个数小于定义的数组长度，则表示对数组中的部分数组元素赋值，其他数组元素的值对应其数据类型的默认值。注意，不同数据类型有不同的默认值，如整型的默认值为 0，字符型的默认值为\0。

5.2.3 一维数组的引用

使用数组的目的是存储同一数据类型的多个值，因此会经常进行数组元素的访问。可以将数组元素理解为一种特殊的变量。

一维数组的数组元素引用形式为：

```
数组名[下标]
```

例如：

① 若已定义"int a[5];"，给数组 a 的第一个元素赋值为 1，给数组 a 的最后一个元素赋值为 2。

数组 a 的第一个元素引用形式为 a[0]，则赋值语句为 a[0]=1。

数组 a 的最后一个元素引用形式为 a[4]，则赋值语句为 a[4]=2。

② 若已定义并初始化，“int a[5]={1,2,3,4,5};”，输出数组 a 的所有数组元素。

若要引用或操作一维数组的多个连续数组元素，可使用一重循环实现，具体如下：

```
for(i=0;i<=4;i++) {printf("%4d",a[i]); }
```

说明：

① 引用数组元素时，下标可以是整数，也可以是整型表达式，但其值必须为整型值，取值范围从 0 开始，到数组长度减 1 结束。例如，定义数组 int a[5]，其数组元素依次为 a[0]、a[1]、a[2]、a[3]、a[4]。

② 也可以使用数组元素引用方式对数组元素进行赋值，但与初始化赋值不同的是，初始化赋值只对部分数组元素赋值，未赋值的数组元素将被赋予对应数据类型的默认值。而使用数组元素引用方式对部分数组元素赋值，未赋值的数组元素是一个随机数。

③ 数组名代表数组的首地址，不能将其当作变量对该数组赋值。例如，“int a[5]; a={1,2,3,4,5};”是错误的。

【例 5-1】 已知某同学的 6 门课程“大学语文”“高等数学”“C 语言程序设计”“体育”“外语”“思想政治与道德修养”的成绩分别为 86.5、83.5、85、93.5、80、90，请使用一维数组输出该同学的平均成绩。

【解题思路】

① 在 6 门课程成绩中有小数，应定义 float 型数组 a[6]并进行初始化。

② 定义循环变量 i。

③ 定义求和累加器 s 与平均成绩变量 ave，使用循环语句“for(i=0;i<=5;i++)”对 6 门课程成绩进行求和，并赋值给 s。

④ 在循环结束后，求出平均成绩。

⑤ 输出平均成绩。

【程序代码】

```
#include"stdio.h"
void main()
{
    float a[6]={86.5,83.5,85,93.5,80,90}; /*给数组a的6个元素初始化*/
    int i; /*定义循环变量*/
    float s=0,ave; /*定义累加求和变量，定义平均成绩变量*/
    for(i=0;i<=5;i++)
    {
        s=s+a[i]; /*使用循环对6个元素求和，赋值给 s*/
    }
    ave=s/6; /*计算平均成绩*/
    printf("该同学的平均成绩为：%.2f\n",ave); /*平均成绩按实型输出，保留小数点后2位数*/
}
```

【运行结果】

```
该同学的平均成绩为：86.42
--------------------------------
Process exited after 1.092 seconds with return value 26
请按任意键继续. . .
```

【例 5-2】某班级辅导员欲统计班上女生的“素质拓展”课程成绩，现通过键盘输入全班 10 位女同学的“素质拓展”课程成绩，并查看全班女生的该课程的平均成绩，请使用一维数组元素引用方式进行赋值，并输出平均成绩。

【解题思路】

① 定义 float 类数组 a[10]与累加器变量 s。

② 定义循环变量 i。

③ 使用循环语句“for(i=0;i<=9;i++)”和 scanf 函数对数组元素依次赋值。

④ 使用循环语句“for(i=0;i<=9;i++)”将求和结果赋给 s。

⑤ 输出平均成绩。

【程序代码】

```
#include"stdio.h"
void main()
{
    float a[10],s=0; /*定义数组a与累加器变量s*/
    int i; /*定义循环变量*/
    for(i=0;i<=9;i++)
    {
        scanf("%f",&a[i]); /*使用循环输入10个元素 */
    }
    for(i=0;i<=9;i++)
    {
        s=s+a[i]; /*使用循环对10个元素求和，赋值给变量s*/
    }
    printf("女生素质拓展平均成绩为：%.2f\n",s/10); /*输出平均成绩，保留2位小数点后*/
}
```

【运行结果】

```
86 93 80 81 88 92 90 85 78 90
女生素质拓展平均成绩为：86.30

--------------------------------
Process exited after 132.1 seconds with return value 28
请按任意键继续. . .
```

任务 5.3　二维数组的定义、初始化与引用

在例 5-1 中，如果存储的不是 1 个同学的成绩，而是 3 个同学的成绩，该怎么办呢？

在例 5-2 中，统计的仅是班上女生的“素质拓展”课程成绩，如果还要统计班上男生的“素质拓展”课程成绩，该怎么办呢？

显然，只用一个一维数组将无法完成上述任务，此时可以使用二维数组。

5.3.1　二维数组的定义

二维数组可在一块连续的地址空间存储多个数据类型相同的值，因此二维数组是线性

的。二维数组的访问需要用到行和列的二维坐标，所以可将二维数组理解为一维数组的数组元素也是一个存储了多个相同数据类型的值的一维数组。

定义二维数组的语法格式为：

```
类型说明符 数组名[常量表达式1][常量表达式2];
```

例如：

```
int a[2][3];  表示定义a为二维数组的数组名，内有6个整型数组元素。
```

说明：

① 数组在硬件存储器中是连续编址的，也就是说存储器单元是一维线性排列的。二维数组的数组元素是按照维度顺序存储的，先存储 a[0]，即 a[0][0]、a[0][1]、a[0][2]，再存储 a[1]，即 a[1][0]、a[1][1]、a[1][2]。故二维数组 int a[2][3]的数组元素的存储形式如下所示：

a[0][0]	a[0][1]	a[0][2]	a[1][0]	a[1][1]	a[1][2]

② 为了方便理解，我们可以把二维数组看作一种特殊的一维数组，即一维数组的数组元素也是一个一维数组。

如数组 int a[2][3]，第一维下标是 2，可看作一个有二个数组元素的一维数组，数组元素分别为 a[0]和 a[1]。

第二维下标是 3，说明一维数组 a[0]、a[1]都有三个数组元素。数组元素分别为 a[0][0]、a[0][1]、a[0][2]和 a[1][0]、a[1][1]、a[1][2]，呈现形式如图 5-1 所示。

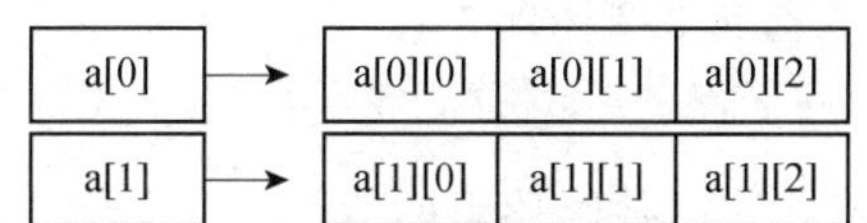

图 5-1　数组 a[2][3]的呈现形式

所以可以将二维数组 int a[2][3]看作一个 2 行、3 列的行列表。

5.3.2　二维数组的初始化

1．按数组元素顺序逐个赋初始值

初始化二维数组、一维数组的语法格式相同。

其语法格式为：

```
类型说明符 数组名[常量表达式1(行数)][常量表达式2(列数)]={常量表列};
```

例如：

① 对二维数组 a 的所有元素赋初始值。

```
int a[2][3]={1,2,3,4,5,6};
```

经过二维数组的定义和初始化，数组的各个数组元素的值如下：

```
a[0][0]=1,a[0][1]=2,a[0][2]=3,a[1][0]=4,a[1][1]=5,a[1][2]=6
```

② 对二维数组 a 的部分数组元素赋初始值。

```
int a[2][3]={1,2,3,4};
```

经过二维数组的定义和初始化，数组中的各个数组元素的值如下：

```
a[0][0]=1,a[0][1]=2,a[0][2]=3,a[1][0]=4,a[1][1]=0,a[1][2]=0
```

③ 在对二维数组 a 赋初始值时，可以不指定二维数组的第一维长度，但第二维长度不能省略。

例如，“int a[2][3]={1,2,3,4,5,6};”，可改写成“int a[ ][3]={1,2,3,4,5,6};”。

例如，“int a[2][3]={1,2,3,4};”，可改写成“int a[ ][3]={1,2,3,4};”。

说明：花括号中的常量个数不能大于行数与列数的乘积，即不能超过二维数组存储的数组元素个数。当花括号中的常量个数小于或等于二维数组存储的数组元素个数时，按照数组元素的顺序依次赋值，未赋值的数组元素将赋予对应数据类型的默认值。

2．分行给数组元素赋初始值

语法格式如下：

```
类型说明符 数组名[常量表达式1(行数)][常量表达式2(列数)]={{常量表列1},……};
```

例如：

① 对二维数组 a 的所有数组元素赋初始值。

```
int a[2][3]={{1,2,3},{4,5,6}};
```

经过二维数组的定义和初始化，数组元素的值如下：

```
a[0][0]=1,a[0][1]=2,a[0][2]=3,a[1][0]=4,a[1][1]=5,a[1][2]=6
```

② 对二维数组 a 的部分数组元素赋初始值。

```
int a[3][3]={{1},{2}};
```

经过二维数组的定义和初始化，数组元素的值如下：

```
a[0][0]=1,a[0][1]=0,a[0][2]=0,a[1][0]=2,a[1][1]=0,a[1][2]=0,a[2][0]=0,a[2]
[1]=0,a[2][2]=0
```

③ 在对二维数组 a 的每一行的数组元素都赋初始值时（即二维数组行数与常量表列数相等），可以不指定二维数组的第一维长度。注意，第二维长度不能省略。

例如，“int a[4][6]={{1,2},{3,4,5},{ },{6}};”，该二维数组有 4 行，赋初始值的常量表列有 4 组，可改写成“int a[ ][6]={{1,2},{3,4,5},{ },{6}};”。

经过二维数组的定义和初始化，将数组元素的值用行列表呈现，初始化结果如图 5-2 所示。

a[0] →	a[0][0]=1	a[0][1]=2	a[0][2]=0	a[0][3]=0	a[0][4]=0	a[0][5]=0
a[1] →	a[1][0]=3	a[1][1]=4	a[1][2]=5	a[1][3]=0	a[1][4]=0	a[1][5]=0
a[2] →	a[2][0]=0	a[2][1]=0	a[2][2]=0	a[2][3]=0	a[2][4]=0	a[2][5]=0
a[3] →	a[3][0]=6	a[3][1]=0	a[3][2]=0	a[3][3]=0	a[3][4]=0	a[3][5]=0

图 5-2 数组“int a[][6]={{1,2},{3,4,5},{},{6}};”初始化结果

说明：

① 使用此种方式对二维数组进行初始化，赋初始值的常量表列数不能大于二维数组的第一维长度，即不能大于行数。每组常量表列的常量个数不能大于二维数组的第二维长度，即不能大于列数。

② 当只对部分数组元素赋初始值时，所有常量表列依次为每行的数组元素赋初始值，每组常量表列的常量为对应行的数组元素逐个赋初始值。未赋初始值的数组元素将被赋予对应数据类型的默认值。

5.3.3 二维数组的引用

二维数组的引用与一维数组的引用一样，也采用“数组名+下标”的方式，引用二维数组的数组元素采用行和列下标。

二维数组的数组元素引用形式如下：

```
数组名[下标1][下标2]
```

例如：

① 若已定义“int a[2][3];”，给二维数组 a 的第一个数组元素赋值为 1，给最后一个数组元素赋值为 2。

二维数组 a 的第一个数组元素的引用形式为 a[0][0]，则赋值语句为“a[0][0]=1;”。

二维数组 a 的最后一个数组元素的引用形式为 a[1][2]，则赋值语句为“a[1][2]=2;”。

② 若已定义并初始化“int a[2][3]={{1,2},{3,4}};”，则输出二维数组 a 的所有数组元素。

若要引用或操作二维数组的多个连续数组元素，可使用二重循环实现，则输出语句如下：

```
for(i=0;i<=1;i++)
   {
for(j=0;j<=2;j++)
   { printf("%4d",a[i][j]); }
}
```

若想显示前面的行列表效果，可在循环中加入“printf("\n");”进行换行。

如：

```
for(i=0;i<=1;i++)
         {
       for(j=0;j<=2;j++)
          { printf("%4d",a[i][j]); }
            printf("\n");
}
```

说明：在引用数组元素时，下标 1 与下标 2 的值必须是整数，而且下标 1 的取值范围是从 0 开始，到二维数组第一维长度（即行数）减 1 结束；下标 2 的取值范围是从 0 开始，到二维数组第二维长度（即列数）减 1 结束。其他需要注意的地方可参考一维数组的引用说明。

【例 5-3】已知 3 位学生的学号分别是 2022111、2022112、2022113，他们的 6 门课程“大学语文”“高等数学”“C 语言程序设计”“体育”“外语”“思想政治与道德修养”的成绩分别为{86,83,85,93,80,90}，{81,66,78,98,60,88}，{90,80,85,65,82,81}，输出所有学生的学号及各门课程的成绩。

【解题思路】

① 题目分析：有 3 位学生，若每一位学生的数据占 1 行，共占 3 行。要显示学号，以及“大学语文”“高等数学”“C 语言程序设计”“体育”“外语”“思想政治与道德修养”6 门

课程的成绩，那么共需要 7 列。所以，需要定义二维数组 int a[3][7]并对其进行初始化（赋初始值）。

② 定义循环变量 i、j。

③ 在输出数组元素前，先输出表头“学号”“大学语文”“高等数学”“C 语言程序设计”“体育”“外语”“思想政治与道德修养”，需要加入空格以对齐下方的数组元素。本例中每列的表头、空格共占 14 字节，也可以使用制表符（\t）对齐。

④ 使用双重循环“for(i=0;i<3;i++)”“for(j=0;j<7;j++)”，以格式“%-14d”输出数组元素。

【程序代码】

```
#include"stdio.h"
void main()
{
    int a[3][7]={{2022111,86,83,85,93,80,90},{2022112,81,66,78,98,60,88},{2022113,90,80,85,65,82,81}};
    int i,j;
    printf("学号            大学语文      高等数学      C语言程序设计 体育          外语          思想政治与道德修养\n");
    for(i=0;i<3;i++)
    {
     for(j=0;j<7;j++)
       {
         printf("%-14d",a[i][j]);
       }
       printf("\n");
    }
}
```

【运行结果】

```
学号          大学语文      高等数学      C语言程序设计 体育          外语          思想政治与道德修养
2022111       86            83            85            93            80            90
2022112       81            66            78            98            60            88
2022113       90            80            85            65            82            81

--------------------------------
Process exited after 0.6356 seconds with return value 10
请按任意键继续. . .
```

任务 5.4　字符数组与字符串

在程序设计中经常会遇到对多个字符的处理，比如学生的姓名、家庭地址等。在 C 语言中，并没有专门的字符串类型，因此必须定义字符数组来完成多个连续字符的存储。

字符数组是将数组元素的数据类型定义为 char 型的数组，用于存储一串连续的字符。字符数组中的每个数组元素存储的值都是单个字符（占 1 字节），连续存储的单个字符就构成了字符数组，字符数组可以是一维的，也可以是多维的。

5.4.1　字符数组的定义

定义字符数组的形式与定义数值数组的形式相同。

定义一维字符数组的语法格式如下：

```
char  数组名[常量表达式];
```

定义二维字符数组的语法格式如下：

```
char  数组名[常量表达式1][常量表达式2];
```

例如：

①“char a[10];”表示定义 a 为一维字符数组的数组名，内有 10 个字符型的数组元素。

②“char b[3][4];”表示定义 b 为二维字符数组的数组名，内有 12 个字符型的数组元素。

5.4.2 字符数组的初始化

字符数组的初始化就是将字符逐个赋给数组元素。

初始化字符数组的语法格式与初始化数值数组相同。

例如：

① 在对一维字符数组 a 的部分数组元素赋初始值时，未被赋初始值的数组元素自动赋予字符型的默认值（即空字符 NULL 或\0）。

```
char a[5]={'a','b','c'};
```

经过一维字符数组的定义和初始化，数组元素的值如下：

```
a[0]='a',a[1]='b',a[2]='c',a[3]='\0',a[4]='\0'
```

② 在对一维字符数组 a 的所有数组元素赋初始值时，可以不指定一维字符数组长度。

```
char a[ ]={'a','b','c','d','e'};
```

经过一维字符数组的定义和初始化，数组元素的值如下：

```
a[0]='a',a[1]='b',a[2]='c',a[3]='d',a[4]='e'
```

③ 对二维字符数组 a 赋初始值。

```
char a[2][3]={{'1','*'},{'\0','a'};
```

经过二维字符数组的定义和初始化，数组元素的值如下：

```
a[0][0]='1',a[0][1]='*',a[0][2]='\0',a[1][0]='\0',a[1][1]='a',a[1][2]='\0'
```

说明：

① C 语言中的字符是以 ASCII 码形式存储的，因此字符型与整型是可以通用的。比如，“char a[5]={'a','b','c'};”可以写成“char a[5]={97,98,99};”，需要注意的是，1 个字符只占 1 字节（即 8 位），如果赋的值所占内存大于字符数组所占内存，则无法通过编译。

② 空字符（NULL）与空格符（Space）不同，空字符可用\0 表示，其 ASCII 码对应的十进制整数为 0，空格符用“ ”表示，其 ASCII 码对应的十进制整数为 32。不论是\0 还是“ ”，都表示内含一个字符，切不可使用“ ”作为空字符对字符数组的数组元素进行赋值。

5.4.3 字符数组的引用

字符数组的引用与数值数组的引用方式相同。

一维字符数组的数组元素的引用形式如下：

```
数组名[下标 1]
```

二维字符数组的数组元素的引用形式如下：

```
数组名[下标 1][下标 2]
```

【例 5-4】 使用字符数组输出字符串“I love you China!”。

【解题思路 1】

① 定义一个一维字符数组存储字符串。

② 在给一维字符数组的数组元素赋初始值时，注意不要遗漏了字符串中的空格符，字符个数为 17 。

```
char a[17 ]={'I',' ','l','o','v','e',' ','y','o','u',' ','C','h','i','n','a',
'!'}; 。
```

③ 定义循环变量 i。

④ 使用循环语句“for(i=0;i<17;i++)”输出字符。

【程序代码 1】

```
#include"stdio.h"
void main()
{
    char a[17]={'I',' ','l','o','v','e',' ','y','o','u',' ','C','h','i','n','a','!'};
    int i;
    for(i=0;i<17;i++)
     printf("%c",a[i]);
}
```

【解题思路 2】

① 由于字符串中的字符个数较多，计算字符个数容易出错，因此在初始化时可以采用不指定字符数组长度的方式赋初始值。

② 在使用循环语句输出字符时，由于不知道循环次数，因此可使用循环语句“while(a[i]!='\0')”输出字符。

【程序代码 2】

```
#include"stdio.h"
void main()
{
    char a[]={'I',' ','l','o','v','e',' ','y','o','u',' ','C','h','i','n','a','!'};
    int i=0;
    while(a[i]!='\0')
    {
        printf("%c",a[i]);
        i++;
    }
}
```

【运行结果】

```
I love you China!
--------------------------------
Process exited after 0.7985 seconds with return value 33
请按任意键继续. . .
```

5.4.4 字符串

在实际的程序开发中，真正关注的不是字符数组的长度，而是字符串的长度。

在 C 语言中，字符串常量是用双引号引起来的一串字符，并用\0（ASCII 值为 0）作为字符串的结束标志，结束标志占 1 字节，不计入字符串长度。

在初始化字符数组时，可使用字符串常量对字符数组赋初始值。

例如：

（1）“char a[ ]="China";”

经过字符数组的定义和初始化，数组元素的值如下：

```
a[0]='C',a[1]='h',a[2]='i',a[3]='n',a[4]='a',a[5]='\0'
```

要特别注意的是，当字符串“China”存储在字符数组中时，必须在该字符串末尾添加 1 个结束标志\0。也就是说，如果在定义字符数组时指定字符数组长度，会有如下几种语句：

正确的语句是“char a[6]="China";”。

该语句等价于“char a[6]={'C','h','i','n','a','\0'};”。

也可以写成“char a[6]={'C','h','i','n','a'};”。

在使用字符串对字符数组进行初始化时，数组长度比字符串长度大 1。

（2）“char a[ ]="我爱你中国";”

在使用字符串对字符数组赋初始值时，可使用中文。

需要注意的是，1 个汉字占 2 字节，而字符数组的 1 个数组元素只能存储 1 字节的字符，因此当使用字符串对字符数组赋初始值时，每 2 个数组元素存储 1 个汉字。

经过字符数组的定义和初始化，字符数组中的 a[0]和 a[1]共同存储汉字“我”，a[2]和 a[3]共同存储汉字“爱”，a[4]和 a[5]共同存储汉字“你”，a[6]和 a[7]共同存储汉字“中”，a[8]和 a[9]共同存储汉字“国”，a[10]='\0'。

此语句也可写成“char a[11]= "我爱你中国";”，但不能使用逐个数组元素赋值的方式给字符数组赋值。

如果想输出汉字“我”，可以使用“printf("%c%c",a[0],a[1]);”，输出其他汉字同理。

5.4.5 字符数组的输入/输出

字符数组的输入/输出有两种方式。

1. 逐个字符输入/输出

用格式化符号“%c”逐个输入/输出 1 个字符。

若已定义字符数组 a，则逐个字符输入的一般格式如下：

```
scanf("%c",&a[i]);
```

逐个字符输出的一般格式如下：

```
printf("%c",a[i]);
```

2. 整个字符串输入/输出

用格式化符号“%s”输入/输出整个字符串。

若已定义字符数组 a，则整个字符串输入的一般格式如下：

```
scanf("%s",a);
```

整个字符串输出的一般格式如下：

```
printf("%s",a);
```

注意：a 为数组名，也是字符数组 a 的首地址。

例如，定义字符数组 a，将字符串“I love you China!”输入字符数组 a 中，并输出字符数组 a 存储的数组元素。

定义字符数组 char a[17]，则逐个字符输入的语句如下：

```
for(i=0;i<17;i++)
 {  scanf("%c",&a[i]);  }
```

逐个字符输出的语句如下：

```
for(i=0;i<17;i++)
 {  printf("%c",a[i]);  }
```

要特别注意的是，在使用字符串赋值时，定义的字符数组长度一定要大于或等于字符串长度加 1。

整个字符串输入的语句如下：

```
scanf("%s",a);
```

整个字符串输出的语句如下：

```
printf("%s",a);
```

【例 5-5】通过键盘输入字符串“我爱我的祖国，我爱我的家乡，我爱我的学校！”，并输出该字符串。

【解题思路】

① 定义一个足够存储字符串的字符数组，估计需要 50 字节的存储空间。在估计字符串长度时，要注意 1 个汉字占 2 字节，在使用字符串赋值时，不要遗漏字符串结束标志\0。

② 在使用输入语句时，一般需要先使用 printf 函数对输入的内容进行提示，否则编译、运行时不知该输入的内容。请大家养成良好的编程习惯。

【程序代码】

```
#include"stdio.h"
void main()
{
    char a[50]; /*定义一个空间足够大的字符数组*/
    printf("请输入字符串：\n"); /*对下方的输入语句内容进行提示*/
    scanf("%s",a); /*输入字符串*/
    printf("您输入的字符串是：\n%s",a); /*输出字符串*/
}
```

【运行结果】

```
请输入字符串:
我爱我的祖国，我爱我的家乡，我爱我的学校!
您输入的字符串是:
我爱我的祖国，我爱我的家乡，我爱我的学校!
--------------------------------
Process exited after 21.57 seconds with return value 61
请按任意键继续. . .
```

在使用“scanf("%s",a);”输入字符串时，不允许输入空格。在输入空格后，虽仍然能继续输入字符，但后续输入的字符无法存入字符数组。

在例 5-5 中，输入的字符串为“I love you China!”，输出的字符串为“I”。

也就是说，如果输入的字符串有空格，则在使用 scanf 函数输入时，必须使用循环语句逐个字符输入，代码如下。

```
#include"stdio.h"
void main()
{
    char a[50]; /*定义一个空间足够大的字符数组*/
    int i=0; /*定义循环变量*/
    printf("请输入字符串：\n"); /*对下方的输入内容进行提示*/
    while(1)
    {
      scanf("%c",&a[i]); /*输入字符串*/
      if(a[i]=='\n') break; /*用换行符判定字串结束，（‘\n’ 也可以换成其它字符来标识输入结束）*/
      i++;
    }
    printf("您输入的字符串是：\n%s",a); /*输出字符串*/
}
```

5.4.6 字符串处理函数

C 语言函数库提供了专门处理字符串的函数，使用这些函数可以大大减轻编程的负担。

在使用输入/输出字符串的函数前，应包含头文件 stdio.h，在使用前其他的字符串处理函数，应包含头文件 string.h。

1．字符串输入函数 gets

格式如下：

```
gets(数组名);
```

功能：从终端上（如键盘）输入一个字符串到字符数组中，该函数将得到一个函数值，即该字符数组的首地址。gets 函数允许输入空格，当输入的字符串含有空格时，字符串不会被截断，以按下 Enter 键确定字符串输入结束。

2. 字符串输出函数 puts

格式如下：

```
puts(数组名);
```

功能：把字符数组中的字符串输出到显示器上。

说明：

① 在使用“scanf("%s",a);”输入字符串时，不允许输入空格，但 gets 函数允许输入空格，因此用字符串给字符数组赋值一般使用 gets 函数。

② gets 函数从标准输入设备读取字符，可以无限读取，以按下回车键确定读取结束，因此在编写程序时，要确保 buffer（缓冲）空间足够大，以便在进行读操作时不发生溢出。

【例 5-6】使用 gets 函数将任意字符串存储到字符数组中，并输出字符串。

【程序代码】

```
#include"stdio.h"
void main()
{
    char a[50]; /*定义一个空间足够大的字符数组*/
    printf("请输入任意字符串：\n"); /*对下方的内容进行提示*/
    gets(a); /*输入字符串*/
    puts(a); /*输出字符串*/
}
```

【运行结果】

```
请输入任意字符串:
I love China!
I love China!

--------------------------------
Process exited after 25.28 seconds with return value 0
请按任意键继续. . .
```

3. 测试字符串长度函数 strlen

格式如下：

```
strlen(数组名)
```

功能：测试字符串的长度（不含字符串结束标志\0），并作为函数返回值。

说明：英文字母、空格或其他 ASCII 表中的字符都占 1 字节，即长度为 1。而每个汉字占 2 字节，中文标点符号也占 2 字节，即长度为 2。

【例 5-7】测试字符串 1“I love you China.”，以及字符串 2“我爱你中国。”的字符串长度（注意标点符号）。

【程序代码】

```
#include"stdio.h"
#include"string.h"
void main()
{
    char a[]="I love you China.";
    char b[]="我爱你中国。";
    printf("字符串1的长度是：%d\n",strlen(a));
    printf("字符串2的长度是：%d\n",strlen(b));
}
```

【运行结果】

```
字符串1的长度是：17
字符串2的长度是：12

--------------------------------
Process exited after 0.8682 seconds with return value 20
请按任意键继续. . .
```

4. 字符串连接函数 strcat

格式如下：

```
strcat(目标字符数组的数组名，源字符数组的数组名)
```

功能：删除目标字符数组的字符串结束标志\0，把源字符数组中的字符串连接到目标字符数组的后面。返回值是目标字符数组的首地址。

例如：

```
char a[10]="abc";
char b[ ]="bcd";
strcat(a,b);
```

上述代码表示先删除字符数组 a 中的字符串结束标志，再将字符数组 b 中的字符串连接到字符数组 a 中的字符串之后，连接字符串示意图如图 5-3 所示。

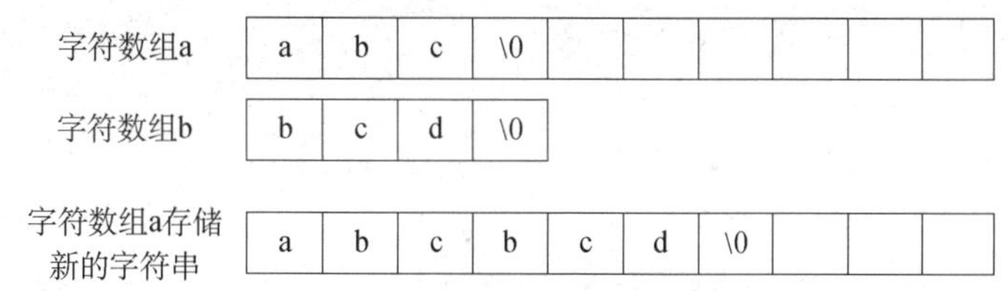

图 5-3　连接字符串示意图

说明：

① 在使用字符串连接函数时，必须为目标字符数组定义足够的长度，否则会造成字符数组溢出。图 5-3 中的字符数组 a 就足够容纳新字符串。

② 字符串连接函数中的源字符数组的数组名可以是字符串常量，比如，“strcat(a,"bcd");”。

【例 5-8】字符串 1 是“我的家乡是:”，字符串 2 是“请输入您的家乡名:”，使用字符串连接函数将字符串 2 连接到字符串 1 之后。

【程序代码】

```
#include"stdio.h"
#include"string.h"
void main()
{
    char a[30]="我的家乡是：";
    char b[10];
    printf("请输入您家乡名：");
    gets(b); /*从标准输入设备读取字符串*/
    strcat(a,b); /*将b中字符串连接到a之后*/
    puts(a); /*输出a中字符串*/
}
```

【运行结果】

```
请输入您家乡名：江西南昌
我的家乡是：江西南昌

--------------------------------
Process exited after 5.607 seconds with return value 0
请按任意键继续. . .
```

5. 字符串复制函数 strcpy

格式如下：

```
strcpy(目标字符数组的数组名，源字符数组的数组名)
```

功能：把源字符数组中的字符串复制到目标字符数组中，结束标志（\0）也一同复制。源字符数组可以是一个字符串常量，这相当于把一个字符串赋给一个字符数组。

例如：

①

```
char a[60];
char b[ ]="富强,民主,文明,和谐,自由,平等,公正,法治,爱国,敬业,诚信,友善";
strcpy(a,b);
```

上述代码表示将字符数组 b 中的字符串复制到字符数组 a 中。

②

```
char a[60];
strcpy(a,"富强,民主,文明,和谐,自由,平等,公正,法治,爱国,敬业,诚信,友善");
```

上述代码表示将字符串复制到字符数组 a 中。

说明：strcpy 函数同样需要保证目标字符数组有足够的长度，否则会造成字符数组溢出。

6. 字符串比较函数 strcmp

格式如下：

```
strcmp(字符数组 1 或字符串 1，字符数组 2 或字符串 2)
```

功能：按照 ASCII 值大小将两个字符串中的字符从左至右逐个比较，直到出现不同的字符或\0 为止。如果全部字符均相同，则认为相等；如果出现不相同的字符，则以第一次出现不相同字符的比较结果为准并返回函数值。

① 字符串 1 等于字符串 2，函数值=0。

② 字符串 1 大于字符串 2，函数值>0。

③ 字符串 1 小于字符串 2，函数值<0。

ANSI 标准规定，返回值有正数、负数、0。有时会把两个字符的 ASCII 值之差作为比较结果并由函数返回。一般来说，返回值是 0、1、−1。

例如：

①

```
char a[ ]="ABC";
char b[ ]="abc";
printf("%d",strcmp(a,b));
```

比较字符数组 a 中的字符串与字符数组 b 中的字符串的大小。根据 ASCII 码可知 A<a，所以返回值为−1。

②

```
printf("%d",strcmp("ABC","A9");
```

比较字符串“ABC”与“A9”的大小。两者的第一个字符都是 A，则比较字符串的第二个字符。在 ASCII 码中，B 的 ASCII 值大于 9，所以返回值为 1。

7. 大写字母转小写字母函数 strlwr 与小写字母转大写字母函数 strupr

strlwr 函数的格式如下：

```
strlwr(字符数组或字符串)
```

功能：将大写字母转为小写字母。

strupr 函数的格式如下：

```
strupr(字符数组或字符串)
```

功能：将小写字母转为大写字母。

例如：

```
char a[ ]="ABCdefGH";
```

“strlwr(a);”表示将字符数组 a 中的全部大写字母转为小写字母，得到“abcdefgh”。

“strupr(a);”表示将字符数组 a 中的全部小写字母转为大写字母，得到“ABCDEFGH”。

进　阶　篇

任务 5.5　综合案例

【例 5-9】任意输入 10 个整数，输出其中的最大值。

【程序代码】

```c
#include"stdio.h"
void main()
{
    //定义数组与变量
    int a[10],max;
    int i;
    //为数组元素赋值
    printf("请输入10个整数：\n") ;
    for(i=0;i<10;i++)
    {
        scanf("%d",&a[i]);
    }
    //设a[0]为最大值，让a后的数组元素逐个与最大值比较，求出最终的最大值
    max=a[0];
    for(i=1;i<10;i++)
    {
        if(a[i]>max)
        {
            max=a[i];
        }
    }
    //输出最大值
    printf("10个数中的最大值是：%d",max);
}
```

【运行结果】

```
请输入10个整数：
12 3 50 86 23 63 17 46 39 72
10个数中的最大值是：86
--------------------------------
Process exited after 85.23 seconds with return value 22
请按任意键继续. . .
```

【例 5-10】任意输入 10 个整数，将其按从大到小的顺序输出。

【程序代码】

```c
#include"stdio.h"
void main()
{
    //定义数组与变量
    int a[10],temp;
    int i,j;
    //为数组元素赋值
    printf("请输入10个整数：\n") ;
    for(i=0;i<10;i++)
    {
        scanf("%d",&a[i]);
    }
    //对数组中的数据进行排序
    /*
    排序算法有很多种，本例中使用的是冒泡排序
    冒泡排序规则：使用双重循环
    第一次外层循环：
    从后向前，两相邻数据进行比较，不满足排序顺序则进行数据交换，
    最后将数组中的最大数放在最前数列，即数组第一位。
    第二次外层循环：
    将除去第一位的余下数组中的最大数放在余下数组的最前面，即原始数组的第二位。
    第三次外层循环：
    将除去第一位和第二位的余下数组中最大数放在余下数组的最前面，即原始数组的第三位。
    ......
    外层循环（数据个数-1）次后，完成排序。
    */
    for(j=1;j<=9;j++) /*数组中共10个数，使用冒泡排序，外层循环9次*/
    {
        for(i=9;i>=1;i--) /*从后向前，两相邻数据进行比较*/
        {
            if(a[i]>a[i-1]) /*本例排序要求：从大到小，此时不满足排序顺序*/
            {
                //数据交换
                temp=a[i];
                a[i]=a[i-1];
                a[i-1]=temp;
            }
        }
    }
    //输出排序之后数组的数据
    printf("数据从大到小排序为：\n");
    for(i=0;i<10;i++)
    {
        printf("%-6d",a[i]);
    }
}
```

【运行结果】

```
请输入10个整数：
12 3 50 86 23 63 17 46 39 72
数据从大到小排序为：
86    72    63    50    46    39    23    17    12    3
--------------------------------
Process exited after 26.63 seconds with return value 6
请按任意键继续. . .
```

【例 5-11】输入某班级 3 位学生的学号，以及“语文”“数学”“计算机”“思想政治” 4 门课程的成绩，输出每位学生的学号及总分（设输入的学号及成绩均为整数）。

【程序代码】

```c
#include"stdio.h"
void main()
{
    //数组及变量定义
    int a[3][6],s; /*3个学生(3行),学号,语文,数学,计算机,思想政治,总分(6列) */
    int i,j;
    //输入学生数据
    for(i=0;i<3;i++)
    {
        printf("请输入第%d位学生的学号,语文成绩,数学成绩,计算机成绩,思想政治成绩:\n",i+1);
        for(j=0;j<5;j++)  /*每位学生只需输入5项数据即可*/
        {
            scanf("%d",&a[i][j]);
        }
    }
    //计算总分
    for(i=0;i<3;i++)
    {
        s=0; /*在累加前为总分赋值为0*/
        for(j=1;j<=4;j++) /*总分为a[i][1]到a[i][4]的4门成绩之和*/
        {
            s=s+a[i][j];
        }
        a[i][5]=s; /*将计算得出的每位学生的总分存储在第6列*/
    }
    //输出表头(每列表头名+空格共占10字节)
    printf("学号      语文      数学      计算机    思想政治  总分\n");
    //输出数据
    for(i=0;i<3;i++)
    {
        for(j=0;j<6;j++)
        {
            printf("%-10d",a[i][j]);
        }
        printf("\n");
    }
}
```

【运行结果】

```
请输入第1位学生的学号，语文成绩，数学成绩，计算机成绩，思想政治成绩:
2022011 80 82 85 90
请输入第2位学生的学号，语文成绩，数学成绩，计算机成绩，思想政治成绩:
2022012 90 88 91 93
请输入第3位学生的学号，语文成绩，数学成绩，计算机成绩，思想政治成绩:
2022013 86 76 80 90
学号      语文      数学      计算机    思想政治  总分
2022011   80        82        85        90        337
2022012   90        88        91        93        362
2022013   86        76        80        90        332

--------------------------------
Process exited after 86.2 seconds with return value 10
请按任意键继续. . .
```

提　高　篇

任务 5.6　学生信息管理系统 4

【例 5-12】学生的学号只能是 10 位的字符，若位数不正确则需要重新输入。

【程序代码】

```
#include <stdio.h>
#include <string.h>
void main()
{
    char num[11];   /*由于包含结束标记\0，因此字符数组的长度为11*/
    do{
        printf("输入学生的学号:\n");
        scanf("%s",num);
        if(strlen(num)==10)
        {
            break;
        }
        printf("学生的学号长度为10个字符，请重新输入!\n");
    } while(1);
    printf("该学生的学号是：%s\n",num);
}
```

【运行结果】

```
输入学生的学号:
123456789
学生学号长度为10个字符，请重新输入!
输入学生的学号:
1234567890
该学生的学号是：1234567890
请按任意键继续. . .
```

【例 5-13】实现按学生的学号来修改学生信息的功能。

【程序代码】

```
#include <stdio.h>
#include <string.h>
void main()
{
    int i=0,choice=0;
    /*实际的学生人数由符号常量确定，本例直接初始化，仅做功能调试*/
    char num[5][11] = {"0000000001","0000000002","0000000003","0000000004","0000000005"};
    char queryNum[11];
    do{
        printf("输入学生的学号:\n");
        scanf("%s",queryNum);
```

```
        if(strlen(queryNum)==10)
        {
            break;
        }
        printf("学生的学号长度为10个字符，请重新输入!\n");
    }while(1);
    for(i=0;i<5;i++)
    {
        /*字符串的比较需要使用strcmp函数*/
        if(strcmp(num[i],queryNum)==0)
        {
            break;
        }
    }
    if(5!=i)
    {
        printf("请选择您要修改的内容: \n");
        printf(" ---------------------- \n");
        printf("姓名\t\t请输入1\n");
        printf("C语言\t\t请输入2\n");
        printf("数学\t\t请输入3\n");
        printf("英语\t\t请输入4\n");
        printf("退出\t\t请输入0\n");
        printf("+----------------------+\n ");
        printf("请输入您的选择:");
        scanf("%d",&choice);
        switch(choice)
        {
            case 0:
                break;
            case 1:
                /*后续将用具体代码实现功能，此处输出信息代表已正确选择该选项，下同*/
                printf("请输入新的学生姓名：\n");
                break;
            case 2:
                printf("请输入新的C语言成绩：\n");
                break;
            case 3:
                printf("请输入新的高数成绩：\n");
                break;
            case 4:
                printf("请输入新的大学英语成绩：\n");
                break;
            default:
                printf("\n无效选项!");
            break;
        }
    }
    else
    {
        printf("您输入的学号不存在!\n");
    }
}
```

【运行结果】

```
输入学生的学号:
1221
学生学号长度为10个字符，请重新输入!
输入学生的学号:
0000000001
请选择您要修改的内容:
 ---------------------------
姓名            请输入1
C语言           请输入2
数学            请输入3
英语            请输入4
退出            请输入0
+--------------------------+
 请输入您的选择:3
请输入新的高数成绩:
请按任意键继续. . .
```

思考练习

一、选择题

1．已知“int a[3]={1,2,3};”，则 a 代表数组的（　　）。

A．全部元素　　B．首地址　　C．第一个元素　　D．无法确定

2．已知“int a[10];”，则对 a 数组的数组元素引用不正确的是（　　）。

A．a[10]　　B．a[3+5]　　C．a[10-10]　　D．a[5*1]

3．以下不能正确定义一维数组的选项是（　　）。

A．int a[5]={1,2,3,4,5};　　B．char a[ ]={1,2,3,4,5};

C．char a[ ]="12345";　　D．char a[5]="12345";

4．已知“int a[2][3];”，则以下选项中对 a 数组的数组元素引用正确的是（　　）。

A．a[0][3]　　B．a[1,2]　　C．a[2][1]　　D．a[1][2]

5．有以下程序：

```
main()
{
    int i,a[][3]={9,8,7,6,5,4,3,2,1};
    for(i=0;i<3;i++)
    {
        printf("%-2d",a[2-i][i]);
    }
}
```

该程序运行后的输出结果是（　　）。

A．9 6 3　　B．7 5 3　　C．3 5 7　　D．3 6 9

6．关于一维数组 a 的选项正确的是（　　）。

A．int n; scanf("%d",&n); int a[n];　　B．int n=10,a[n];

C．int a(10);　　D．#define SIZE 10
int a[SIZE];

7．关于二维数组 a 的选项正确的是（　　）。

A．int a[3][ ];　　　　B．float a(3,4);

C．double a[1][4];　　　　D．float a(3)(4);

8．能对二维数组 a 进行正确初始化的语句是（　　）。

A．int a[2][ ]={{1,0,1},{5,2,3}};　　　　B．int a[ ][3]={{1,2,3},{4,5,6}};

C．int a[2][4]={{1,2,3},{4,5},{6}};　　　　D．int a[ ][3]={{1,0,1}{ },{1,1}};

9．若有“int a[ ][4]={0,0};”，则下列不正确的叙述是（　　）。

A．二维数组 a 的每个数组元素都可得到初始值 0

B．二维数组 a 的第一维长度为 1

C．二维数组 a 的第二维长度为 4

D．只有数组元素 a[0][0]和 a[0][1]可得到初始值 0，其余数组元素均得不到初始值 0

10．语句“int a[10]={6,7,8,9,10};”的正确理解是（　　）。

A．将 5 个初始值依次赋给 a[1]至 a[5]　　　　B．将 5 个初始值依次赋给 a[0]至 a[4]

C．将 5 个初始值依次赋给 a[5]至 a[9]　　　　D．将 5 个初始值依次赋给 a[6]至 a[10]

二、填空题

1．若有“int a[3][5];”，则

该二维数组的第一个数组元素的引用方式为 ______________ 。

该二维数组的最后一个数组元素的引用方式为 ______________ 。

2．若有“int a[3][4]={{1,2},{0},{4,6,8,10}};”，则

a[1][2]得到的初始值是____________ 。

a[2][1]得到的初始值是____________ 。

3．若定义二维数组“int a[5][6];”，那么 a 分配的内存空间为________________字节。

4．下面代码用于输出数组 a 中数据的总和，但代码有错误（行前数字表示行号）。

```
1  main()
2  {
3   int a[3]={1,2};  /*定义数组并初始化*/
4   int i,s=0;
5   scanf("%d",&a);  /*给数组的第三个元素赋值*/
6   for(i=0;i<3;i++) s=s+a[i];
7   printf("s=%d\n",s);
8  }
```

代码第______行有错误，正确的语句为______________________。

5．若有“char a[10]={'A','B','C','D'};”（已知 ASCII 码中的 A 对应的十进制数为 65），则输出语句“printf("%d",a[1]);”的输出结果是 ________________ 。

6．若有“char a[ ]="我是中国人";”，则字符数组 a 占用的内存空间是_______________字节。

7．若要使用 strlen 函数求字符串的长度，则必须在使用前包含头文件___________。

项目六　函　　数

学习目标

- 理解函数的概念
- 掌握函数的用法
- 掌握函数的嵌套调用
- 掌握自动变量、静态局部变量及寄存器变量的使用
- 掌握内部函数和外部函数的使用方法

技能目标

- 学会函数的定义与调用
- 学会函数参数的传递
- 学会使用函数的返回值
- 学会函数的嵌套调用
- 学会自动变量、静态局部变量的使用

素质目标

- 提高学习能力，培养顽强的意志和不怕挫折的人生态度
- 培养团队合作精神

手机软件日新月异，功能越来越完善，实现这些功能的代码被全部写在 main 函数里面吗？答案是否定的。程序员利用函数来解决这个问题。函数是一段封装好的，可以重复使用的代码，只实现一个特定的功能。函数使程序更加模块化，提高了代码的可复用性和可维护性。本项目通过一些简单的案例，讲解了函数的定义、调用方法及其他相关知识。

基 础 篇

任务 6.1　函数的定义及调用

6.1.1　函数的概述

1. 概念

一个较大的程序可由若干模块组成，每一个模块用来实现一个特定的功能。用子程序可实现该模块的功能，在 C 语言中，子程序被称为子函数。

2. 分类

（1）根据有无参数分为无参函数和有参函数

① 无参函数。在函数后的圆括号内没有内容，该函数称无参函数。

② 有参函数。在函数后的圆括号内有参数，该函数称有参函数。

（2）根据定义分为标准函数和用户自定义函数

① 标准函数（库函数）：由 C 语言预先编写的一系列常用函数。

它由系统提供，无须用户定义，有输入/输出函数、数学函数、图形函数、字符串函数、字符分类函数、日期和时间函数、转换函数、目录/路径函数、诊断函数、接口函数、内存管理函数、进程控制函数及其他函数。

② 用户自定义函数：由用户按需要编写的函数。

6.1.2　函数的定义

C 语言要求在程序中用到的所有函数，必须先定义、后使用。例如，想用 average 函数求期末考试的平均分，必须事先按规范进行定义，指定函数名、函数返回值的类型、函数实现的功能及参数的个数与类型，并将这些信息告知编译系统。在执行 average 函数时，编译系统按照定义时指定的功能执行函数。如果事先不定义，编译系统不知道 average 函数要实现什么功能。

函数应包括以下几个内容：

➢ 指定函数名，以便以后按函数名调用函数。

➢ 指定函数的类型，即函数返回值的类型。

➢ 指定函数的参数名和数据类型，以便在调用函数时向它们传递数据，无参函数则不需要。

➢ 指定函数要完成的操作，也就是函数的功能，这是最重要的。

编译系统提供的库函数，是由编译系统事先定义好的，库文件包括了各函数的定义。程序设计者不必自己定义库函数，只需用#include 指令把有关的头文件包含到文件模块中。头文件包括函数的声明。例如，若在程序中用到数学函数（如 sqrt、fabs、sin、cos 等），就必须在文件模块的开头写上如下内容：

```
#include < math. h>
```

库函数只提供了最基本、最通用的函数，而不可能提供在实际应用中用户需要的所有函数。程序设计者需要在程序中定义自己想用、而库函数没有提供的函数。

定义一个函数的语法格式如下：

```
返回值类型  函数名([形参表列])
{
    函数体
    [return 返回值;]
}
```

➢ 返回值类型：用于限定函数返回值的数据类型，默认为 int 型（整型）。如果函数没有返回值，则省略 return 语句，使用 void 关键字作为返回值类型。

➢ 函数名：用定义的、合法的标识符代表函数名，尽量使用与函数功能相关的英文单词命名。

➢ 形参表列：在调用函数时传递信息的通道，由零个或多个形参组成，多个形参之间用逗号分隔。有形参的函数称有参函数，没有形参的函数称无参函数，函数名后的“()”不能省略。

➢ 函数体：函数功能的具体代码，包括定义部分、执行部分。

➢ return：用于结束函数，将程序的执行流程返回到函数调用处，或将返回值返回到函数调用处。

➢ 返回值：实现函数功能后必须传递数据给函数调用处，该数据为返回值。

说明：

① 函数的定义部分可以放在任意位置，既可放在主函数之前，也可放在其之后。

② 可以有空函数，按“类型说明符 函数名() {}”的方式定义，调用空函数没有任何作用。例如：void dummy()　{ }。

【例 6-1】打印两行等号作为分割线，在分割线中间输出信息。

【解题思路】

定义 printSign 函数用来输出分割线，定义 printMessage 函数输出信息。在主函数中调用两次 printSign 函数和一次 printMessage 函数。

【程序代码】

```
#include <stdio.h>
void printSign()              // 函数定义
{
    printf("================\n");
}
void printMessage()
{
    printf("  我爱你中国! \n");
}
void main()
{
```

```
    printSign();            // 函数调用
    printMessage();
    printSign();
}
```

【运行结果】

```
================
 我爱你中国!
================

--------------------------------
Process exited after 1.743 seconds with return value 0
请按任意键继续. . .
```

【程序分析】

① 一个源程序文件由一个或多个函数，以及其他有关内容（如指令、数据声明与定义等）组成。一个源程序文件是一个编译单位，在程序编译时是以源程序文件为单位进行编译的，而不是以函数为单位进行编译的。

② 程序是从 main 函数开始执行的，如果在 main 函数中调用其他函数，则在调用后将流程返回到 main 函数，在 main 函数中结束整个程序的运行。

③ 所有函数都是平行的，即定义函数是分别进行且互相独立的。一个函数并不从属于另一个函数，即函数不能嵌套定义。函数可以互相调用，但不能调用 main 函数，main 函数被操作系统调用。

④ 从上面例子可以看到，“printf("================\n");”是一段重复出现的代码段，因此将其定义成 printSign 函数。“printf("   我爱你中国！\n");”用于在屏幕上显示一段信息，它虽然没有在本例中多次出现，但是在实际开发中，显示信息肯定是会多次出现的，因此将其定义成一个 printMessage 函数。

⑤ 虽然有些重复代码只有一行，但是它需要被反复调用，比如本例中利用函数输出分割线、输出固定信息的代码，这样的代码应该被定义成函数。

【例 6-2】求期末考试平均分。

【程序代码】

```
#include <stdio.h>
void average()
{
    float java,html,english,photoshop,ave=0;
    printf("请依次输入你的Java成绩、HTML成绩、英语成绩、PS成绩(用逗号隔开)：\n");
    scanf("%f,%f,%f,%f",&java,&html,&english,&photoshop);
    ave=(java+html+english+photoshop)/4;
    printf("你的期末考试平均分是：%.2f\n",ave);
}
void main()
{
    average();
}
```

【运行结果】

```
请依次输入你的Java成绩、HTML成绩、英语成绩、PS成绩(用逗号隔开):
60,70,80,90
你的期末考试平均分是: 75.00

--------------------------------
Process exited after 6.269 seconds with return value 28
请按任意键继续. . .
```

【程序分析】

① 从上面两个例子可以看到，我们直接在 main 函数中实现打印信息、求平均分的功能也是完全可以的，何必这么麻烦去定义函数再调用函数呢？软件开发要求“从顶向下，逐步求精”，即先确定整体需要实现的功能，然后将这些功能细化成一个个单一且简单的功能，这实际就是定义函数的过程。因此我们要养成定义函数的习惯，将实现某个功能的代码定义成一个函数。

② 如果输出一些固定的提示信息，比如“支付成功”，那么可以定义无参函数。

③ 通常情况下，人机会发生交互，比如经常在支付界面输入付款金额，那么付款金额肯定是变化的，因此需要定义有参函数。

④ 本例中函数功能的实现是否非常合理呢？答案是否定的。主函数类似于手机 APP 的操作界面，它也需要完成一些简单的功能。正确的做法是，数据的定义、初始化可由主函数完成，由函数调用、返回处理结果给主函数，并由主函数进行简单判断，最终输出结果。所以本例应该由主函数传递 4 门期末考试成绩给 average 函数，由 average 函数求得平均分，并通过 return 语句返回主函数，主函数负责输出最终的期末考试平均分。大家可以根据例 6-3 试一试。

【例 6-3】判断是否支付成功。

【解题思路】

定义 checkPay 函数接收主函数传递过来的付款金额（pay）和商品价格（price），并进行比较，若相同则返回 1，不相同则返回 0。主函数负责定义和初始化 pay 和 price 变量，以及调用 checkPay 函数，根据返回值判断支付是否成功并在屏幕上输出判断结果。

【程序代码】

```
#include <stdio.h>
int checkPay(float pay,float price)
{
    if(pay==price)
    {
        return 1;
    }
    else
    {
        return 0;
    }
}
void main()
{
    int result=0;
    float price=99;
    // 商品价格一般是通过查询后台数据库得到的，这里直接指派一个值
```

```
    float pay=0;
    printf("请输入付款金额：\n");
    scanf("%f",&pay);
    result=checkPay(pay,price);
    if(1==result)
    {
        printf("支付成功！\n");
    }
    else
    {
        printf("支付失败！您输入的金额不正确！\n");
    }
}
```

【运行结果】

支付成功的运行结果如下：

```
请输入付款金额:
99
支付成功!

--------------------------------
Process exited after 4.104 seconds with return value 0
请按任意键继续. . .
```

支付失败的运行结果如下：

```
请输入付款金额:
98.99
支付失败! 您输入的金额不正确!

--------------------------------
Process exited after 3.678 seconds with return value 0
请按任意键继续. . .
```

【程序分析】

① 本例直接给商品定价为 99 元，但实际上，获取商品定价需要查询后台数据库，也需要调用函数来实现，因此主函数负责数据的定义、简单的输入/输出，复杂的功能都应该通过函数调用实现，即将这些功能定义成函数。

② 本例简化了判断语句，使得 checkPay 函数看起来可有可无。在实际开发过程中要根据需求来决定判断形式，比如，实现手机的支付功能。有些 APP 在读取完付款金额后会要求输入密码，密码验证正确以后再判断账号余额是否大于或等于付款金额。

6.1.3 函数的调用

1. 格式

函数调用的一般形式如下：

```
函数名([实参表列])
```

例如，调用例 6-3 的函数的语句如下：

```
result=checkPay(pay,price);
```

说明：

① 如果调用无参函数，则可以没有实参表列，但函数名后的“()”不能省略；如果实参表列包含多个实参，则用逗号隔开。

② 实参与形参的个数相等，数据类型一致。形参与实参按顺序传递数据。

③ 实参求值的顺序并不是确定的，一般按自右向左的顺序求值。

2. 函数调用方式

按在程序中出现的形式和位置来分，有以下 3 种函数调用方式。

（1）函数调用语句

把函数调用单独写作一个语句，如例 6-1 中的“printfSign();”，不要求函数带返回值，只要求函数完成一定的操作。

（2）函数表达式

函数调用出现在一个赋值表达式中，如“max=maximum(a,b); ”，maximum(a,b)是一次函数调用，是赋值表达式的一部分，要求被调用的函数返回一个确定的值以参加赋值表达式的运算，例如：

```
max=2*maximum(a,b);
```

（3）函数参数

函数调用作为另一个函数调用的实参，例如：

```
max=maximum(a,maximum(b,c));
```

其中，maximum(b,c)是一次函数调用，它的值是 b 和 c 二者中的最大者，它是另一次函数调用的实参。经过赋值，max 的值是 a、b、c 三者中的最大者，例如：

```
printf("%d",maximum(a,b));
```

上述代码把 maximum(a,b)作为 printf 函数的一个参数。

3. 被调函数的声明和函数原型

为了避免函数调用出现错误，应该具备以下条件：

➢ 函数已经存在，可以是库函数或自定义函数。

➢ 如果要使用库函数，应该在源文件的头部使用#include 指令。

➢ 如果要使用自定义函数，且自定义函数与调用它的函数在同一个源文件中，则一般在主函数中声明被调函数，也称函数原型。

（1）声明的方法

C 语言中，除了主函数外，自定义函数也要遵循“先定义、后使用”的规则。应该在调用函数之前对函数进行说明（或对函数原型进行说明）。

一般形式如下：

```
函数类型　函数名(参数类型 1,参数类型 2,…,参数类型 n);
```

或

```
函数类型　函数名(参数类型 1 参数名 1,参数类型 2 参数名 2,…);
```

注意：此处的参数名是虚设的，参数名常常被省略。一般形式中的参数类型必须与函数返回值的数据类型一致。

（2）声明的作用

在调用函数之前，要通知编译系统关于被调函数的名称、函数类型、参数类型、参数个数、顺序等信息，以便在调用该函数时，编译系统按照次序进行检查，查看函数名是否正确，形参和实参是否匹配等。

（3）注意事项

➢ 如果在调用函数前，没有对函数进行声明，则编译系统把第一次遇到该函数的形式（函数定义或函数调用）作为函数的声明。函数类型默认为 int 型（整型）。

➢ 若函数返回值的数据类型是整型或字符型，则可以不进行函数声明。

➢ 如果函数定义在函数调用之前，则可以不进行函数声明。

➢ 函数声明是通知编译系统关于被调函数的信息，函数定义是对函数功能的确立。

（4）声明的位置

函数声明与变量声明类似，函数声明的位置决定了函数的使用范围，如果函数定义或函数声明出现在主函数的外部，则在主函数中省略函数声明。

注意：函数定义放在主函数之前是最不容易出错的，非 int 型形参函数的定义或声明应格外注意。

【例 6-4】使用函数声明的方式判断是否支付成功。

【解题思路】

为了检验函数声明是否有效，首先将 checkPay 函数放置在主函数之后。如果报错，则在程序的开头加上函数声明的相关语句。

【程序代码 1】

```
#include <stdio.h>
int checkPay(float,float);            // 函数声明
void main()
{
    int result;
    float price=99;
    // 商品价格一般是通过查询后台数据库得到的，这里直接指派一个值
    float pay;
    printf("请输入付款金额：\n");
    scanf("%f",&pay);
    result=checkPay(pay,price);
    if(1==result)
    {
        printf("支付成功！\n");
    }
    else
    {
        printf("支付失败！您输入的金额不正确！\n");
    }
}
int checkPay(float pay,float price)
{
    if(pay==price)
    {
        return 1;
    }
    else {
        return 0;
    }
}
```

【运行结果】

[Error] conflicting types for 'checkPay'

【程序分析】

由于省略了函数声明，且函数定义放在了主函数后面，因此编译器认为checkPay函数的函数类型为默认的int型，而当读取checkPay函数时，发现该函数类型为float型，因此提示checkPay函数的类型发生冲突，在其他编译器中也可能报出了checkPay函数重定义的提示。

【程序代码2】

```
#include <stdio.h>
void main()
{
    int checkPay(float x,float y);          // 函数声明
    int result;
    float price=99;
    // 商品价格一般是通过查询后台数据库得到的，这里直接指派一个值
    float pay;
    printf("请输入付款金额：\n");
    scanf("%f",&pay);
    result=checkPay(pay,price);
    if(1==result)
    {
        printf("支付成功！\n");
    }
    else
    {
        printf("支付失败！您输入的金额不正确！\n");
    }
}
int checkPay(float pay,float price)
{
    if(pay==price)
    {
        return 1;
    }
    else {
        return 0;
    }
}
```

【运行结果】

同例6-3的运行结果一致。

【程序分析】

① 在函数声明和函数定义中的第1行代码（函数行部）基本是相同的，只差一个分号。因此在写函数声明时，可以先简单地照写已定义的函数首行，再加一个分号，就构成了函数声明。

② 一般将函数声明放在文件开头。由于在文件开头（在函数的外部）已对要调用的函数进行了声明（也称外部声明），因此在程序编译时，编译系统已从外部声明知道了函数的有关信息，不必在主函数中重复声明。写在所有函数前面的外部声明在整个文件中都是有效的。

任务 6.2　函数的参数及变量

6.2.1　函数的参数

1. 形参和实参

在调用有参函数时，主函数和被调函数有数据传递关系。在定义函数时，函数名后面括号中的参数被称为“形式参数”（简称形参）。在主函数中调用函数时，函数名后面括号中的参数被称为“实际参数”（简称实参）。实际参数可以是常量、变量或表达式。

2. 实参和形参间的数据传递

在调用函数的过程中，编译系统把实参的值传递给被调函数的形参。或者说，形参从实参那里得到一个值，该值在函数调用期间有效，可以参与该函数的运算。

说明：

① 形参在函数调用前不占用内存的存储单元，只有发生函数调用时，才被分配存储单元；在函数调用结束后，形参占用内存的存储单元也被释放，而实参的存储单元仍保留并维持原值。

② 实参可以是常量、变量或表达式，要求有确定的值，例如：

```
max(java,html+5);
```

③ 在定义函数时，必须指定形参的数据类型。实参与形参的数据类型相同。

④ 传递方式。C 语言规定，实参与形参的数据传递方式是“值传递”，即单向传递，只由实参传递给形参，而不能由形参传递给实参。在内存的存储单元中，实参的存储单元与形参的存储单元是不同的存储单元。如果形参是数组或指针变量，则传递的是数据的地址，这时可以改变实参的值。

【例 6-5】简易的早餐点餐演示。

【解题思路】

为了简化演示，定义两个早餐函数 milk 和 egg，用于接收主函数传递的数值，确定要哪种规格的早餐。主函数负责打印菜单、输入选项。

【程序代码】

```
#include <stdio.h>
void milk(int);
void egg(int);
void main()
{
    int option;
    printf("好好学习的一天从健康早餐开始！请输入您要的早餐：\n");
    printf("1.250ML牛奶\n");
    printf("2.500ML牛奶\n");
    printf("3.1个鸡蛋\n");
    printf("4.2个鸡蛋\n");
    scanf("%d",&option);
    switch(option)
    {
        case 1:
            milk(250);                // 函数调用，250是实参，负责把值传递给形参quantity
```

```
            break;
        case 2:
            milk(500);break;
        case 3:
            egg(1);break;
        case 4:
            egg(2);break;
        default:
            printf("不好意思！没有你要的早餐！\n");
    }
}
void milk(int quantity)              // 函数定义，quantity是形参，负责接收实参的数值
{
    printf("你的%dML牛奶!\n",quantity);
}
void egg(int quantity)
{
    printf("你的%d个鸡蛋!\n",quantity);
}
```

【运行结果】

```
好好学习的一天从健康早餐开始！请输入您要的早餐：
1.250ML牛奶
2.500ML牛奶
3.1个鸡蛋
4.2个鸡蛋
1
你的250ML牛奶!
```

```
好好学习的一天从健康早餐开始！请输入您要的早餐：
1.250ML牛奶
2.500ML牛奶
3.1个鸡蛋
4.2个鸡蛋
5
不好意思！没有你要的早餐！
```

【程序分析】

① 早餐店有很多种类的早餐，我们可以选择不同种类，也可以只选择一种。本例是简化的操作，只用于演示。

② 点餐界面一般都是循环显示的，即在打印小票后返回点餐界面。大家可以将返回点餐界面的代码定义成 menu 函数，试着将本例做出循环显示的效果。

【例 6-6】检验函数参数之间的单向值传递。

【解题思路】

为了检验函数参数是否是单向值传递，实参与形参同名，在 test 函数中交换形参的值，在主函数中输出实参的值，观察是否发生交换。

【程序代码】

```
#include <stdio.h>
void test(int,int);
void main()
{
    int x=10,y=20;
    printf("函数调用前：\nx=%d  y=%d\n",x,y);
    test(x,y);
    printf("函数调用后：\nx=%d  y=%d\n",x,y);
}
void test(int x,int y)
{
```

```
    int temp;                    // 交换需要使用中间变量temp
    printf("形参接收到实参值：\nx=%d  y=%d\n",x,y);
    temp=x;
    x=y;
    y=temp;
    printf("形参值交换后：\nx=%d  y=%d\n",x,y);
}
```

【运行结果】

```
函数调用前：
x=10  y=20
形参接收到实参值：
x=10  y=20
形参值交换后：
x=20  y=10
函数调用后：
x=10  y=20

--------------------------------
Process exited after 1.643 seconds with return value 24
请按任意键继续. . .
```

【程序分析】

函数是独立的个体，实参与形参可以同名，但是互不干扰。实参向形参进行单向数据传递，在一般情况下调用函数不会改变实参的值，只有使用全局变量或指针才会改变实参的值。数据传递的目的是将要处理的数据传递给被调函数处理，并直接输出结果或者返回处理结果给主函数。

6.2.2 函数的返回值

1. 概念

通过函数调用使主函数得到一个反馈值，这就是函数的返回值。在例 6-3 的主函数中有如下代码:

```
result=checkPay(pay,price);
```

从 checkPay 函数的定义可以知道该函数返回 1 或 0，在主函数得到反馈值以后，给出支付成功或失败的相关提示。

2. 形式

```
return 表达式;      或 return （表达式）;       或 return;
```

3. 说明

① return 语句可以不带表达式，它的作用是使流程返回到主函数中。函数体内可以没有 return 语句，程序的流程就会一直执行到“}”，并返回主函数，没有确定的函数值返回。

② 如果函数值的数据类型与 return 语句中表达式值的数据类型不一致，则以函数值的数据类型为准。

③ 为减少程序出错，保证正确调用函数，凡不要求返回值的函数，一般定义为 void 类型。已定义成 void 类型的函数，再在主函数中赋值是错误的。例如：

```
void printStar() {…}       a=printStar();
```

注意：主函数与被调函数之间的数据传递可以通过 3 种方式进行传递：在实参与形参之间进行数据传递（传值、传地址）、通过 return 语句把函数值返回主函数、通过全局变量实现（初学者慎用）。

【例 6-7】 利用 power 函数计算 x 的 n（n 为正整数）次方的值。

【解题思路】

x 的 n 次方就是 x 自乘 n 次，直至 power 函数接收到 x 和 n 的值，通过循环求得 sum，并返回给主函数输出结果。

【程序代码】

```
#include <stdio.h>
double power(double x,int n)
{
    int i;
    double sum=1.0;
    for(i=1;i<=n;i++)
    {
        sum*=x;
    }
    return sum;
}
void main()
{
    double x,y;
    int n;
    printf("请输入x的n次方中的x和n(正整数): \n");
    scanf("%lf%d",&x,&n);
    y=power(x,n);
    printf("%.2lf的%d次方是: %.2lf!\n",x,n,y);
}
```

【运行结果】

```
请输入x的n次方中的x和n(正整数):
10 20
10.00的20次方是: 100000000000000000000.00!

--------------------------------
Process exited after 3.259 seconds with return value 43
请按任意键继续. . .
```

【程序分析】

① 如果一个函数只在屏幕上输出一些信息，那么它是不需要返回值的；如果一个函数负责数据加工，那么一般需要返回加工结果给主函数，由主函数负责输出结果。

② 本例特别强调 n 是正整数，目的是省略判断，循环控制变量直接从 1 开始递增。大家可以试一试输入任意的整数或实数。

6.2.3　局部变量和全局变量

本项目的一些程序中包含了两个或多个函数，函数中定义了变量。如果在一个函数中定义了变量，那么在其他函数中能否被引用呢？在不同位置定义的变量，在什么范围内有效呢？

这就是变量的作用域问题。每个变量都有一个作用域，即变量在什么范围内有效。本节专门讨论这个重要问题。

1. 局部变量

（1）概念

在函数内或复合语句内定义的变量被称为局部变量，亦称内部变量。其作用域仅限于定义该变量的函数内或复合语句内，在离开该函数后使用该变量是非法的。形式参数是局部变量。

（2）说明

➢ 在主函数中定义的变量只在主函数中有效，而不会在整个文件或程序中有效。主函数不能使用在其他函数中定义的变量。

➢ 不同函数可以使用相同名字的局部变量，它们代表不同对象，互不干扰。

➢ 可以在复合语句中定义变量，这些变量只在复合语句中有效，复合语句也称“分程序”或“程序块”。

2. 全局变量

（1）概念

在函数外部定义的变量被称为全局变量，亦称外部变量。全局变量的作用域从定义该变量的位置开始，到源文件结束。

（2）说明

➢ 设全局变量的目的是增加函数联系的渠道。由于同一文件中的所有函数都能引用全局变量的值，因此在函数中改变了全局变量的值，就会影响其他函数，相当于各个函数间有直接的数据传递通道。由于调用函数只能返回一个返回值，因此有时可利用全局变量来增加函数联系的渠道，使函数得到一个或多个的返回值。

➢ 建议初学者非必要不使用全局变量。

➢ 若全局变量和某个函数中的局部变量同名，则该函数中的全局变量会被屏蔽，在该函数内访问的是局部变量，局部变量与同名的全局变量不发生任何关系。

【例 6-8】统计字符串包含的数字、字母、空格、其他字符的个数。

【解题思路】

通过调用 count 函数返回 4 个值，先设置 4 个全局变量，由主函数输入字符串，将其传递给 count 函数，在 count 函数中通过循环遍历字符数组，对 4 个全局变量进行自增运算。

【程序代码】

```
#include <stdio.h>
#include <string.h>
//通过函数调用返回多个值，可以定义相应的全局变量
int digit=0,letter=0,space=0,other=0;
void count(char string[80])                          // 形参数组就是实参数组
{
    int i;
    for(i=0;i<strlen(string);i++)                    // 遍历字符数组
    {
        if(string[i]>='0'&&string[i]<='9')
        {
            digit++;
```

```
        }
        else
        {
            if(string[i]>='a'&&string[i]<='z'||string[i]>='A'&&string[i]<='Z')
            {
                letter++;
            }
            else
            {
                if(' '==string[i])
                {
                    space++;
                }
                else
                {
                    other++;
                }
            }
        }
    }
}
void main()
{
    char string[80];
    printf("请输入一行字符：\n");
    gets(string);                           // 得到包含空格的字符串
    count(string);
    printf("你输入的字符串中包含%d个数字，%d个字母",digit,letter);
    printf("%d个空格，%d个其他字符！\n",space,other);
}
```

【运行结果】

```
请输入一行字符：
Beijing 2022 --> Together for a Shared Future
你输入的字符串中包含4个数字，31个字母，7个空格，3个其他字符！

--------------------------------
Process exited after 14.98 seconds with return value 23
请按任意键继续. . .
```

【程序分析】

① 在大型软件开发过程中势必要共用数据，可以先将数据定义成全局常量，再将全局变量定义在一个特定的头文件中，这样所有的开发人员都可以通过头文件使用这些全局变量。

② 由于所有开发人员都可以任意修改全局变量的值，因此不推荐初学者使用全局变量。

任务 6.3　函数的嵌套调用

C 语言中的函数是平行的，不存在上一级函数和下一级函数。但是 C 语言允许在一个函数的定义中出现对另一个函数的调用，这样就出现了函数的嵌套调用，如图 6-1 所示，即在被调函数中又调用了其他函数，这与其他语言的子程序嵌套是类似的。

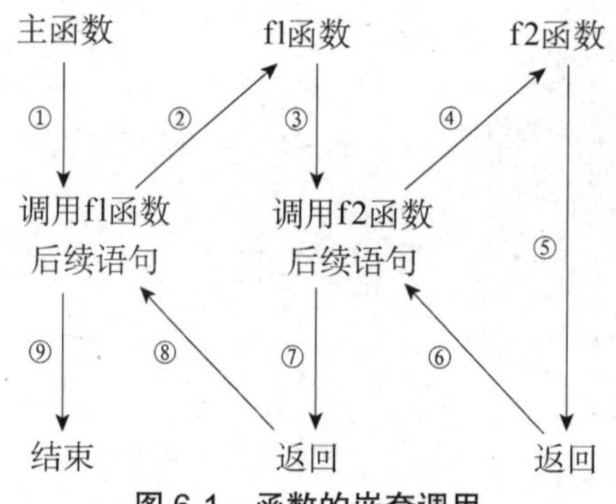

图 6-1　函数的嵌套调用

【例 6-9】统计 n 个学生的 4 门成绩总和。

【解题思路】

本例涉及两个数据：学生和成绩。定义 total 函数为求成绩总和的函数，用于求所有学生的总成绩；定义 sum 函数求每个学生的总成绩。由主函数调用 total 函数，再由 total 函数调用 sum 函数，实现函数的嵌套调用。

【程序代码】

```
#include <stdio.h>
float sum()
{
    float java,html,english,photoshop,s=0;
    printf("请依次输入你的Java成绩、HTML成绩、英语成绩、PS成绩(用逗号隔开)：\n");
    scanf("%f,%f,%f,%f",&java,&html,&english,&photoshop);
    s=java+html+english+photoshop;
    return s;
}
void total(n)
{
    int i;
    float sums=0;
    for(i=1;i<=n;i++)
    {
        sums+=sum();                // 嵌套调用，求单个学生总成绩，使用sum函数
    }
    printf("%d个学生的4门成绩总和是：%.2f\n",n,sums);
}
void main()
{
    int n;
    printf("请输入要统计成绩的学生人数：\n");
    scanf("%d",&n);
    total(n);
}
```

【运行结果】

```
请输入要统计成绩的学生人数：
3
请依次输入你的Java成绩、HTML成绩、英语成绩、PS成绩(用逗号隔开)：
60,70,80
请依次输入你的Java成绩、HTML成绩、英语成绩、PS成绩(用逗号隔开)：
70,80,90
请依次输入你的Java成绩、HTML成绩、英语成绩、PS成绩(用逗号隔开)：
80,90,100
3个学生的4门成绩总和是：720.00

--------------------------------
Process exited after 35.15 seconds with return value 31
请按任意键继续. . .
```

【程序分析】

① 前面提到过，函数的有些功能具有关联性，比如在购物 APP 中将商品添加到购物车中，后台既要判断库存，又要判断是否已经添加过该商品，还要判断该商品是否限购，这三个操作对应三个函数，但是它们统一将结果返回给添加购物车函数，由添加购物车函数整合并反馈给前台显示。因此函数的嵌套调用是很有必要的，尽量不要在一个函数中实现过多的功能，这样不利于提高代码的可复用性，也不利于提高代码的可维护性。

② 仔细观察输出结果会发现，程序每运行一次都提示输入成绩，这明显不太合理，正确的做法是定义数组，将数组作为实参传递给形参数组，这样就能通过循环识别学生的人数了。大家可以参考例 6-8 将数组作为函数参数处理，这样就可以使得本例更合理了。

进　阶　篇

任务 6.4　函数嵌套特例——递归函数

C 语言允许函数直接或间接调用它自已，这种函数调用方式被称为递归调用。含有递归调用的函数被称为递归函数。直接调用函数自己被称为直接递归，通过调用另一个函数调用函数自己被称为间接递归。在递归调用中，调用函数是被调函数，执行递归函数就是反复调用函数自身。为了防止递归调用无终止地进行下去，必须在函数内提供终止递归调用的方法。常用的方法是先增加条件判断，满足某一条件就不再递归调用，然后提供逐层返回，这种方法叫递推法。

【例 6-10】求 $n!$。

【解题思路】

求 $n!$可以用递推法，即 1 乘 2，再乘 3……，一直乘到 n。这种方法容易理解，也容易实现。递推法的特点是从一个已知的事实（如 1!=1）出发，按规律推导出下一个事实（如 2!=1!×2），再从这个新的已知的事实出发，向下推出一个新的事实（3!=3×2!），直至 $n!=n\times(n-1)!$。

求 $n!$也可以用递归法，即 5!= 4!×5，4!=3!×4……可用下面的递归公式表示：

$$n!=\begin{cases} n!=1 & (n=0,1) \\ n\times(n-1)! & (n>1) \end{cases}$$

【程序代码】

```
#include <stdio.h>
double factorials(int number)
{
    double fac;
    if(number==0||number==1)
    {
        fac=1;
    }
    else
    {
        fac=factorials(number-1)*number;
    }
```

```
    return(fac);
}
void main()
{
    int number;
    double result;
    printf("请输入一个非负整数:\n");
    scanf("%d",&number);
    if(number<0)
    {
        printf("输入有误!");
    }
    else
    {
        result=factorials(number);
        printf("%d!=%.0lf\n",number,result);
    }
}
```

【运行结果】

输入负整数的运行结果：

```
请输入一个非负整数:
-1
输入有误!
--------------------------------
Process exited after 2.771 seconds with return value 9
请按任意键继续. . .
```

输入非负整数的运行结果：

```
请输入一个非负整数:
20
20!=2432902008176640000

--------------------------------
Process exited after 2.45 seconds with return value 24
请按任意键继续. . .
```

【程序分析】

① 执行流程如下：假设 n 为 5，则首先调用 factorials(5)，再调用 factorials(4)，最后依次调用 factorials(3)、factorials(2)、factorials(1)。当 number==1 时，满足终止递归调用的条件，开始逐层返回 1!、2!、3!、4!、5!。

② 能够使用循环解决的问题也可以使用递归法，但能够使用递归法解决的问题不一定适合使用循环，比如汉诺塔、查看文件夹的结构等。

③ 递归函数的执行效率没有循环高，因为递归函数是从循环结束时反向反复调用自身，并逐层返回，因此除了只能使用递归函数才能解决的问题，其他的问题不提倡使用递归函数。

任务 6.5　自动变量、静态局部变量及寄存器变量的使用

从 6.2.3 节已知，根据变量的作用域，可以将变量分为全局变量和局部变量。而从变量

值存在的时间（即生存期）来看，有的变量在程序运行过程中一直存在，有的变量在调用其所属的函数时才临时分配存储单元，而在函数调用结束后该存储单元马上被释放，变量就不存在了。也就是说，变量的存储有两种不同的方式：静态存储方式和动态存储方式。静态存储方式是在程序运行期间，由编译系统分配固定存储单元的方式；动态存储方式是在程序运行期间，根据需要动态分配存储单元的方式。

在内存中供用户使用的存储单元分为 3 部分：程序区、静态存储区、动态存储区。数据存储在静态存储区和动态存储区中。全局变量存储在静态存储区中，在程序开始执行时给全局变量分配存储单元，程序执行完毕就释放存储单元。在程序执行过程中，它们占据固定的存储单元，而不是动态分配和释放。

可以在动态存储区中存储以下数据：

① 函数形式的参数。在调用函数时给形参分配存储单元。

② 在函数中定义的、没有用关键字 static 声明的变量，即自动变量。

③ 函数调用时的现场保护地址和返回地址等。

以上这些数据在函数调用开始时被分配动态存储单元，在函数调用结束时释放存储单元。在程序执行过程中，分配和释放是动态的，如果在一个程序中两次调用同一个函数，此函数定义了局部变量，则在两次调用时分配给局部变量的存储单元的地址可能是不相同的。

C 语言的存储类别包括以下 4 种：自动（auto）变量、静态（static）局部变量、寄存器（register）变量、外部（extern）变量，下面主要介绍前 3 种。

6.5.1　自动变量

如果函数中的局部变量不专门声明为 static（静态）存储类别，则都是动态分配存储单元的，数据存储在动态存储区中。函数的形参和在函数中定义的局部变量（包括在复合语句中定义的局部变量），都属于此存储类别。在调用函数时，编译系统会给形参和局部变量分配存储单元，在函数调用结束时自动释放存储单元。因此这类局部变量也称自动变量。自动变量用关键字 auto 进行存储类别的声明。

6.5.2　静态局部变量

有时希望函数的局部变量的值在函数调用结束后不消失，继续保留原值，即其占用的存储单元不被释放，在下一次调用该函数时，该局部变量已经有值（就是上一次函数调用结束的值）。这时应该指定该局部变量为静态局部变量，用关键字 static 进行声明。

【例 6-11】使用静态局部变量求 n!。

【解题思路】

定义 factorials 函数进行连乘，第 1 次调用该函数进行 1 乘 1，第 2 次调用该函数时将第 1 次调用的结果乘以 2，第 3 次调用该函数时将第 2 次调用的结果乘以 3，依此进行下去。

【程序代码】

```
#include <stdio.h>
double factorials(int number)
{
    static double fac=1.0;
    fac=fac*number;
    return fac;
}
void main()
{
    int number,i;
    double result;
    printf("请输入一个非负整数:\n");
    scanf("%d",&number);
    if(number<0)
    {
        printf("输入有误!");
    }
    else
    {
        for(i=1;i<=number;i++)
        {
            result=factorials(i);
        }
        printf("%d!=%.0lf\n",number,result);
    }
}
```

【运行结果】

同例 6-10 的运行结果一致。

【程序分析】

① 执行流程如下：第一次调用 factorials(1)返回 1!，并赋值给 result；第二次调用 factorials(2)，fac 不再初始化，直接使用上一次的返回值 1，并将 2!返回给 result；第三次调用 factorials(3)，fac 不再初始化，直接使用上一次的返回值 2，将 3!返回给 result……

② 如果某个函数被多次调用，且函数中的某些数据需要保留下来，那么可以将这些数据定义成静态局部变量。

③ 静态局部变量在编译时被赋初始值，即只赋一次初始值，在程序运行时已有初始值。以后每次调用函数都不再重新赋初始值，只是保留上次函数调用结束时的值。给自动变量赋初始值不是在编译时进行的，而是在函数调用时进行的，每调用一次函数就重新赋一次初始值，相当于执行一次赋值语句。

④ 如果在定义局部变量时不赋初始值，则在编译时对静态局部变量自动赋初始值为 0（对数值型变量）或空字符\0（对字符型变量）。而对自动变量来说，它的值是不确定的。这是由于每次函数调用结束后，存储单元已被释放，在下次调用时重新分配存储单元，分配的存储单元中的内容是不可知的。

6.5.3 寄存器变量

一般情况下，变量（包括使用静态存储方式和动态存储方式的变量）的值存放在内存中。当程序用到一个变量的值时，由控制器发出指令将内存中的该变量的值送到运算器中。经过运算器运算，从运算器中将需要存储的数据送到内存中。

如果有一些使用频繁的变量，例如在一个函数中执行了 10000 次循环，每次循环都要引用某一局部变量，则要为存取该局部变量的值花费不少时间。为提高执行效率，将局部变量的值放在 CPU 的寄存器中，在需要用时直接从寄存器中取出并参与运算，不必再到内存中存取。由于寄存器的存取速度远高于内存的存取速度，因此这样做可以提高执行效率。这种局部变量叫作寄存器变量，用关键字 register 声明，如：

```
register int count;                    //定义 count 为寄存器变量
```

计算机的运行速度越来越快，性能也越来越高，经过优化的编译系统能够识别使用频繁的变量，从而自动将这些变量放在寄存器中，而不需要程序设计者指定，因此没有用关键字 register 声明变量的必要。

任务 6.6　内部函数和外部函数的使用

变量有作用域，且有局部变量和外部变量之分，那么函数有没有类似的情况呢？答案是有的。有的函数可以被本文件中的其他函数调用，也可以被其他文件中的函数调用，而有的函数只能被本文件中的其他函数调用，不能被其他文件中的函数调用。

函数本质上是全局的，因为定义函数的目的是被其他函数调用。如果不加声明，一个文件中的函数既可以被本文件中的其他函数调用，也可以被其他文件中的函数调用，但是也可以指定某些函数不被其他文件中的函数调用。根据函数能否被其他文件调用，将函数分为内部函数和外部函数。

6.6.1　内部函数

如果函数只能被本文件中的其他函数调用，则被称为内部函数。在定义内部函数时，在函数类型和函数名的前面加关键字 static，即：

```
Static 函数类型 函数名(形参表列);
```

例如，内部函数的首行如下：

```
static int checkPay(float pay,float price)
```

checkPay 是内部函数，不能被其他文件中的函数调用。

内部函数又称静态函数，因为它是用关键字 static 声明的。内部函数的作用域只局限于所在文件，即使在不同的文件中有同名的内部函数也互不干扰，不必担心与内部函数同名。

通常把只能由本文件使用的内部函数和外部变量放在文件的开头，前面都用关键字 static 使之局部化，让其他文件不能引用，提高了程序的可靠性。

6.6.2　外部函数

如果在定义函数时，在函数首部的最左端加关键字 extern，则表示此函数是外部函数，可供其他文件调用。

如外部函数首部可以是如下形式：

```
extern int average(float java,float html,float english)
```

函数 average 可以被其他文件调用。C 语言规定，如果在定义函数时省略 extern，则该函数默认为外部函数。前面所用的函数都是外部函数。

在调用外部函数的其他文件中，需要对外部函数作声明（即使在本文件中调用 1 个函数，也要用函数原型进行声明）。在对此函数进行声明时，要加关键字 extern，表示该函数是在其他文件中定义的外部函数。

【例 6-12】1 个字符串内有若干个字符，现输入 1 个字符，要求从将字符串中删除该字符，使用外部函数实现。

【程序代码】

```
//file1.c
#include <stdio.h>
void main()
{
    extern void enterString(char str[]);
    extern void deleteString(char str[],char ch);
    extern void printString(char str[]);
    // 以上3行声明在将要调用已在其他文件中定义的3个外部函数
    char character,str[80];
    enterString(str);                    // 调用在其他文件中定义的enterString函数
    printf("请输入要删除的字符：\n");
    scanf("%c",&character);
    deleteString(str,character);         // 调用在其他文件中定义的deleteString函数
    printString(str);                    // 调用在其他文件中定义的printString函数
}
//file2.c
void enterString(char str[80])
{
    printf("请输入一行字符：\n");
    gets(str);
}
//file3.c
void deleteString(char str[],char ch)
{
    int i,j;
    for(i=j=0;str[i]!='\0';i++)
    {
        if(str[i]!=ch)
        {
            str[j++]=str[i];
        }

    }
    str[j]='\0';
}
//file4.c
void printString(char str[])
{
    printf("新的字符串是：%s\n",str);
}
```

【运行结果】

```
请输入一行字符：
I love you China!
请输入要删除的字符：
o
新的字符串是：I lve yu China!

--------------------------------
Process exited after 10.04 seconds with return value 30
请按任意键继续. . .
```

【程序分析】

在 Dev-C++ 5.1 中，需要将文件放在同一个项目中才可以运行成功。

虽然 3 个函数可以直接定义在第 1 个文件中，但是如果其他程序开发人员也需要实现相同功能，是否重复定义呢？由于它们在同一个项目中，因此任何一个文件中的函数都默认是外部函数，可以被其他文件调用。这就是软件开发中的协同合作，可以提高代码的可复用性。

提　高　篇

任务 6.7　学生信息管理系统 5

【例 6-13】定义 menu 函数，用于循环显示学生信息管理系统的菜单。

【程序代码】

```
#include <stdio.h>
int menu()/* menu函数*/
{
    int option;
    for(;;)
    {
        printf("\t\t********************学生信息管理系统菜单********************\n");
        printf("\t\t     1.编辑\n");
        printf("\t\t     2.显示 \n");
        printf("\t\t     3.查询\n");
        printf("\t\t     4.排序\n");
        printf("\t\t     5.统计\n");
        printf("\t\t     6.文件\n");
        printf("\t\t     0.退出\n");
        printf("\t\t**************************************************************\n");
        printf("\t\t 请选择(0～6):");
        scanf("%d",&option);
        if(option>=0&&option<=6)
        {
            break;
        }
        printf("您输入的选项不存在，请重新输入!\n");
    }
```

```
    return option; /*返回选择*/
}
void main()
{
    /*为了调试menu函数，主函数暂时只调用menu函数*/
    menu();
}
```

【运行结果】

```
              *******************学生信息管理系统菜单*******************
                   1. 编辑
                   2. 显示
                   3. 查询
                   4. 排序
                   5. 统计
                   6. 文件
                   0. 退出
              ********************************************************
               请选择(0~6):7
您输入的选项不存在，请重新输入!
              *******************学生信息管理系统菜单*******************
                   1. 编辑
                   2. 显示
                   3. 查询
                   4. 排序
                   5. 统计
                   6. 文件
                   0. 退出
              ********************************************************
               请选择(0~6):5
请按任意键继续. . .
```

【例 6-14】由于在编辑选项时，输入学生信息及编辑学生信息均需要输入学生姓名，因此定义 inputName 函数，用于输入学生姓名，当输入错误时必须重新输入。

【程序代码】

```
#include <stdio.h>
#include <string.h>
void inputName(char message[])
{
    /*学生姓名的字符串数组长度为21，name为临时字符串，为防止用户输入过长的字符串，
    定义长度为50*/
    char name[50];
    for(;;)
    {
        printf("%s\n",message);
        scanf("%s",name);
        if(strlen(name)<=20)
        {
            break;
        }
        printf("学生姓名长度为1～20个字符，请重新输入!\n");
    }
}
void main()
{
```

```
    /*为了调试inputName函数，主函数暂时只调用inputName函数*/
    /*由于输入信息时有提示"请输入学生新的姓名："，
    因此将提示作为实参传给形参message*/
    inputName("请输入学生新的姓名：");
}
```

【运行结果】

```
请输入学生新的姓名：
liudehua12345678901234567890
学生姓名长度为1～20个字符，请重新输入！
请输入学生新的姓名：
liudehua
请按任意键继续. . .
```

思考练习

一、选择题

1．有以下程序

```
void  fun( int  a,int  b)
 {  int   t;   t=a;  a=b;  b=t;    }
 main()
 {  int  c[10]={1,2,3,4,5,6,7,8,9,0}, i;
    for(i=0;i<10;i+=2)  fun(c[i], c[i+1]);
    for(i=0;i<10;i++)  printf("%d," ,c[i]);
    printf("\n");     }
```

程序的运行结果是（　　）。

A．1,2,3,4,5,6,7,8,9,0　　B．2,1,4,3,6,5,8,7,0,9

C．0,9,8,7,6,5,4,3,2,1　　D．0,1,2,3,4,5,6,7,8,9

2．若函数调用的实参为变量时，下列关于函数的形参和实参的叙述正确的是（　　）。

A．函数的实参与其对应的形参占同一存储单元

B．形参只在形式上存在，不占用具体存储单元

C．同名的实参和形参占同一存储单元

D．函数的形参和实参分别占用不同的存储单元

3．用函数 findmax 在数组中查找最大值并作为该函数的返回值，但下列程序有错误，导致不能实现预定功能。

```
#define   MIN   -2147483647
int   findmax  (int x[ ],int n)
    {   int i,max;
        for(i=0;i<n;i++)
        {   max=MIN;    if(max<x[i])  max=x[i];  }
        return  max;   }
```

造成错误的原因是（　　）。

A．定义语句“int i,max;”中的 max 未赋初始值

B．在赋值语句“max=MIN;”中，不应给 max 赋值为 MIN

C．语句“if(max<x[i]) max=x[i];”中的判断条件设置错误

D．赋值语句“max=MIN;”放错了位置

4．以下叙述错误的是（　　）。

A．用户定义的函数中可以没有 return 语句

B．用户定义的函数中可以有多个 return 语句，以便可以调用一次函数返回多个返回值

C．若用户定义的函数中没有 return 语句，则应当定义函数类型为 void 类型

D．函数的 return 语句中可以没有表达式

5．有以下程序

```
int   f(int  x);
main()
{    int   n=1,m;     m=f(f(f(n)));
     printf("%d\n",m);    }
int  f(int  x)
{     return  x*2;        }
```

程序运行后的输出结果是（　　）。

A．1　　B．2　　C．4　　D．8

6．有以下程序

```
void  fun(int  p)
{    int  d=2;    p=d++;
       printf("%d",p);        }
main()
{    int  a=1;    fun(a);
       printf("%d\n",a);       }
```

程序运行后的输出结果是（　　）。

A．32　　B．12　　C．21　　D．22

7．有以下程序

```
int  f(int  x,int  y)
{   return  ((y-x)*x);}
main()
{   int   a=3,b=4,c=5,d;
    d=f(f(a,b),f(a,c));
    printf("%d\n",d);        }
```

程序运行后的输出结果是（　　）。

A．10　　B．9　　C．8　　D．7

8．有以下程序

```
void fun(int x)
{    if(x/2>1)    fun(x/2);
    printf("%d ",x);        }
main()
{   fun(7);   printf("\n");    }
```

程序运行后的输出结果是（　　）。

A．1 3 7　　B．7 3 1　　C．7 3　　D．3 7

9．有以下程序

```
int fun(int  a,int  b)
 {   if(b==0)  return a;
```

```
    else    return(fun(--a,--b));       }
main()
{   printf("%d\n", fun(4,2));   }
```

程序的运行结果是（　　）。

A．1　　B．2　　C．3　　D．4

10．在一个 C 语言程序文件中定义的全局变量，其作用域为（　　）。

A．所在文件的全部范围

B．所在程序的全部范围

C．所在函数的全部范围

D．由具体定义位置和关键字 extern 决定

11．有以下程序

```
int  fun()
{    static  int  x=1;    x+=1;  return x;}
main()
{   int   i,s=1;
    for(i=1;i<=5;i++)     s+=fun();
    printf("%d\n",s);   }
```

程序运行后的输出结果是（　　）。

A．11　　B．21　　C．6　　D．120

二、读程序题

1．fun 函数的功能是找出有 N 个数组元素的一维数组的最小值，并作为返回值，请填空（设 N 已定义）。

```
int  fun(int  x[N])
{     int   i,k=0;
      for(i=0;i<N;i++)
             if(x[i]<x[k])
                    k=【                        】;
      return   x[k];     }
```

2．有以下程序

```
int a=5;
void fun(int b)
{    int a=10;a+=b;     printf("%d",a);     }
main()
{    int c=20;      fun(c);  a+=c;
     printf("%d\n",a);     }
```

程序运行后的输出结果是（　　）。

三、编程题

1．求方程 $ax^2+bx+c=0$ 的根，用 3 个函数分别求当 b^2-4ac 大于 0、等于 0 和小于 0 时的根，并输出结果。要求从程序的主函数输入 a、b、c 的值。

2．写 1 个函数，要求输入 1 个 4 位数，并输出这个数的 4 个数字字符，每两个数字字符间有 1 个空格。如输入 1990，应输出“1990”。

项目七　预　处　理

知识目标

- 了解预处理的概念
- 掌握宏定义的用法
- 掌握文件包含的用法
- 掌握条件编译的用法

技能目标

- 学会使用宏定义的方法
- 学会使用文件包含的方法
- 学会使用条件编译的方法

素质目标

- 通过案例弘扬冬奥会精神，培养学生不畏艰难、勇于挑战的拼搏精神
- 结合国家实事热点，培养学生的爱国情怀

“工欲善其事，必先利其器。”若要写出高质量的C语言代码，除了掌握必要的语法机制外，也要学好预处理命令与条件编译。预处理命令的作用不是实现程序的功能，而是给C语言编译系统提供信息，通知编译器在对源程序进行编译之前应该做哪些预处理工作。本项目主要介绍了预处理、宏定义、文件包含、条件编译等内容。

基　础　篇

任务 7.1　预处理简介

在前面的项目中，已经多次使用了#include 指令，这种以“#”开头的指令被称为预处理命令。预处理命令的作用不是实现程序的功能，而是给C语言编译系统提供信息，通知编译器在对源程序进行编译之前应该做哪些预处理工作。C语言中的预处理功能主要包含宏定义、文件包含和条件编译。

任务 7.2 宏定义简介

宏定义是最常用的预处理功能之一，它用一个标识符表示一个字符串。在源程序被编译器处理之前，预处理器会将标识符替换成指定的字符串。根据是否带参数，可以将宏定义分为不带参数的宏定义和带参数的宏定义。

7.2.1 不带参数的宏定义

在程序中经常使用一些常量，如 3.14、10 等。如果常量在程序中多次出现，后面又对这些常量的值进行修改，就很容易出现前后不一致的问题。为了避免出现此类问题，可使用不带参数的宏定义表示常量，其语法格式如下：

```
#define 标识符 字符串
```

其中，#define 用于标识一个宏定义；“标识符”表示宏名；“字符串”表示宏体，可以是常量、表达式等。通常，宏定义放在源程序的开头、主函数的外面，它的有效范围从宏定义语句开始至源程序结束。

【例 7-1】打印最近一次冬奥会的举行时间（使用不带参数的宏定义）。

【解题思路】

先使用#define 定义一个常量，用于表示最近一次冬奥会的举行时间，然后输出该常量。

【程序代码】

```c
#include <stdio.h>
#define OG 2022       //定义一个宏
int main()
{
    printf("最近一次冬奥会的举行时间为：%d年", OG);
    return 0;
}
```

【运行结果】

```
E:\AllPrograms\CPrograms\chapter7\7-1.exe
最近一次冬奥会的举行时间为：2022年
--------------------------------
Process exited after 0.4067 seconds with return value 0
请按任意键继续. . .
```

【程序分析】

使用#define 定义一个宏 OG，当使用 printf 函数输出宏 OG 时，实际上进行了宏替换，即用 2022 替换宏 OG。

如果多处用到了宏 OG，则所有的宏 OG 都会替换成 2022。如果需要修改宏 OG 的值，则在定义宏的地方进行修改，其他代码保持不变，这样可做到一改全改，避免手动修改造成漏改、不一致等问题。

在使用宏定义时，有几个问题需要注意。

（1）在必要时要加上括号

如果宏定义的字符串中出现运算符，则需要在合适的位置加上括号，否则会有意想不到的结果。

【例 7-2】以下程序的运行结果是什么？

```c
#include <stdio.h>
#define W 1+2          //定义一个宏
int main()
{
    int a = W * 3;
    printf("a = %d", a);
    return 0;
}
```

【运行结果】

```
E:\AllPrograms\CPrograms\chapter7\7-2.exe
a = 7
--------------------------------
Process exited after 0.4091 seconds with return value 0
请按任意键继续. . .
```

【程序分析】

运行结果为什么不是 9 而是 7 呢？因为将 W 进行替换后，a=W*3 等介于 a=1+2*3，从而得到运行结果为 a=7。如果要使 a=9，需要将宏定义改为“#define (1+2)”，替换后得到“a=(1+2)*3”，运行结果为 9。

（2）宏定义末尾不用加分号

在前面项目的学习过程中，习惯在语句末尾加一个分号，但宏定义末尾不需要加分号，加了分号反而会出现错误。例如，在例 7-2 中，将宏定义改为“#define 1+2;”，替换后变成了“a=1+2;*3”，这样在编译时将会报错。宏定义只是进行简单的字符替换，并不会进行语法检查。

#define 指令可用于宏定义，#undef 指令的功能与#define 指令相反，它用于取消宏定义。如果预处理器在源代码中看到#undef 指令，那么在#undef 指令后面出现的宏就不存在了。其语法格式如下：

```
#undef 宏名称
```

【例 7-3】以下程序的运行结果是什么？

```c
1  #include <stdio.h>
2  #define OG 2022        //定义一个宏
3  int main()
4  {
5      printf("最近一次冬奥会的举行时间为：%d年", OG);
6      #undef OG          //取消OG宏定义
7      printf("最近一次冬奥会的举行时间为：%d年", OG); //编译器报错，因为宏OG已取消
8      return 0;
9  }
```

【运行结果】

第 7 行报错：'OG' undeclared。

【程序分析】

程序第 6 行使用#undef 指令取消了宏 OG，因此在第 6 行后再次使用宏 OG 时，宏 OG 就不存在了，从而报错。

7.2.2　带参数的宏定义

不带参数的宏定义只能完成一些简单的替换操作，如果有更加复杂的操作，如根据边长计算正方形的面积，就可以使用带参数的宏定义，其语法格式如下：

```
#define 标识符(参数1,参数2,…) 字符串
```

它与不带参数的宏定义的区别在于多了一对括号，括号中的参数是宏的参数，多个参数用逗号分隔。

【例 7-4】 定义一个宏用于计算正方形面积。

【解题思路】

定义一个宏，计算正方形面积。

【程序代码】

```c
#include <stdio.h>
#define SQUARE(a) a*a        //定义宏
int main()
{
    float a = 3.0;
    float s = SQUARE(a);
    printf("正方形面积：%.2f", s);
    return 0;
}
```

【运行结果】

```
E:\AllPrograms\CPrograms\chapter7\7-4.exe
正方形面积：9.00
--------------------------------
Process exited after 0.3882 seconds with return value 0
请按任意键继续. . .
```

【程序分析】

使用#define 指令定义一个宏 SQUARE，该宏用于计算不同边长的正方形面积，其中 a 为宏的参数。在预处理时进行替换，如将 s=SQUARE(a)替换为 s=3.0*3.0。

带参数的宏定义与函数相似，最本质的区别是宏定义仅替换字符串，不对表达式进行计算；宏定义在程序预处理的时候就被执行了，不占用内存。函数是一段可以重复使用的代码，会被编译，会给它分配内存，调用函数就是执行这块内存中的代码。相对于函数，宏定义的“开销”要小一些。

【例 7-5】 请看以下两个程序，分析两者的区别。

【程序代码 1】

```c
#include <stdio.h>
int abs(int x)
{
    return x >= 0 ? x : -x;
}
int main()
{
    int x = 5;
    printf("%d的绝对值为：%d", x, abs(++x));
    return 0;
}
```

【程序代码 2】

```
#include <stdio.h>
#define ABS(x) ((x) >= 0 ? (x): -(x))
int main()
{
    int x = 5;
    printf("%d的绝对值为: %d", x, ABS(++x));
    return 0;
}
```

【运行结果 1】

E:\AllPrograms\CPrograms\chapter7\7-5-1.exe

```
6的绝对值为: 6
--------------------------------
Process exited after 0.269 seconds with return value 0
请按任意键继续. . .
```

【运行结果 2】

选择E:\AllPrograms\CPrograms\chapter7\7-5-2.exe

```
7的绝对值为: 7
--------------------------------
Process exited after 0.3988 seconds with return value 0
请按任意键继续. . .
```

【程序分析】

程序代码 1 先使用函数计算出++x 等于 6，然后计算绝对值，最后得到结果为 6。程序代码 2 使用宏定义进行替换，得到((++x) >= 0 ? (++x) : −(++x))，首先判断(++x)>=0，这时 x 的值为 6，然后执行(++x)，x 的值变为 7。

由此可见，宏定义和函数只是形式相似，本质是完全不同的。

任务 7.3　文件包含

除了宏定义外，文件包含也是常用的预处理功能之一，它的作用是将一个文件包含到另一个文件中。其语法格式有以下两种：

```
#include <文件名>
#include "文件名"
```

在使用尖括号时，C 语言编译系统将在指定的路径下搜索尖括号中的文件；使用双引号时，首先在当前用户的工作目录下搜索双引号中的文件，如果找不到，则在指定的路径下搜索。

在前面的应用中使用的程序都包含系统头文件，如#include <stdio.h>，此外，也可以包含自己定义的头文件。

【例 7-6】 自己定义头文件，计算 2021 年是中国共产党成立多少周年。

【解题思路】

自己定义一个头文件，其中使用宏定义在.c 文件中调用自己编写的头文件。

【程序代码】

自定义头文件 7-6.h:

```
#define YEAR 100
```

7-6.c 文件:

```
#include <stdio.h>
#include "7-6.h"
int main()
{
    printf("2021年是中国共产党成立%d周年", YEAR);
    return 0;
}
```

【运行结果】

```
E:\AllPrograms\CPrograms\chapter7\7-6.exe
2021年是中国共产党成立100周年
--------------------------------
Process exited after 0.3896 seconds with return value 0
请按任意键继续. . .
```

【程序分析】

7-6.c 文件包含自定义头文件 7-6.h，则 7-6.c 文件可以使用自定义头文件 7-6.h 的宏 YEAR。

在实际应用中，C 语言项目包括多个文件，那么多个文件该如何编写呢？在 1.7 节已经介绍了如何使用 Dev-C++5.11 开发工具新建项目，这里不再赘述。

【例 7-7】一寸光阴一寸金，寸金难买寸光阴。请编写程序计算今年还剩多少天？

【解题思路】

首先，让用户输入当前时间，由于每个月份的天数不一样，且存在闰年和平年，闰年的 2 月份有 29 天，平年的 2 月份有 28 天，因此需要根据是否是闰年调整 2 月份的天数。在这里我们使用 3 个文件来实现该功能，分别是 date.h、date.c 和 main.c。

【程序代码】

date.h:

```
/*
*功能描述：判断是否是闰年,是闰年则改变2月份天数
*/
void leapYear(int year);

/*
*功能描述：计算今年还剩多少天
*/
int countTime(int year, int month, int day);

/*
* 输出信息
*/
void printInfo(int year, int reDays);
```

date.c:

```c
#include <stdio.h>
#include "date.h"

int days[12] = {31, 28, 31, 30, 31, 30, 31, 31, 30, 31, 30, 31};
/*
*功能描述：判断是否是闰年,是闰年则改变2月份天数
*/
void  leapYear(int year)
{
    if( (year % 400 == 0) || (year % 4 == 0 && year % 100 != 0) )
        days[1] = 29;
}

/*
*功能描述：计算今年还剩多少天
*/
int countTime(int year, int month, int day)
{
    int i = 0;
    int reDays = 0;          //剩余天数
    leapYear(year);
    for(i = month; i < 12; i++)
    {
        reDays += days[i];
    }
    reDays += days[month-1] - day;
    return reDays;
}


/*
* 功能描述：输出信息
*/
void printInfo(int year, int reDays)
{
    printf("%d年还有%d天", year, reDays);
}
```

main.c:

```c
#include <stdio.h>
#include "date.h"

int main()
{
    int year = 0, month = 0, day = 0;   //年，月，日
    int reDays = 0;      //剩余天数
    printf("请输入当前时间(xxxx年x月x日)：");
    scanf("%d年%d月%d日", &year, &month, &day);
    reDays = countTime(year, month, day);   //计算天数
    printInfo(year, reDays);          //打印信息
    return 0;
}
```

【运行结果】

```
E:\AllPrograms\CPrograms\chapter7\7-8\7-8.exe
请输入当前时间(xxxx年x月x日)：2022年2月5日
2022年还有329天
--------------------------------
Process exited after 9.032 seconds with return value 0
请按任意键继续. . .
```

注：运行结果显示的时间根据程序运行时间变化，下同。

【程序分析】

date.h 包含 3 个函数的声明，函数的具体实现在 date.c 中，在 main.c 中直接引入 date.h 即可调用这几个函数。date.c 中有 3 个函数：leapYear、countTime 和 printInfo。leapYear 函数用于判断是否为闰年，如是闰年，则调整 2 月份的天数；countTime 函数用于计算今年还剩多少天，计算剩余月份的天数和当月剩余天数的和，即可得出今年剩余天数；printInfo 函数用于打印剩余天数。

进　阶　篇

任务 7.4　条件编译

多文件包含很容易出现一个问题——重复包含，具体看例 7-8。

【例 7-8】文件的重复包含问题。

foo.h：

```
int a = 100;
```

foo2.h：

```
#include "foo.h"
int b = 200;
```

main.c：

```
#include <stdio.h>
#include "foo.h"
#include "foo2.h"

int main() {
    printf("a=%d\n", a);
    printf("b=%d\n", b);
    return 0;
}
```

【运行结果】

程序报错：redefinition of 'a'。

【程序分析】

在 foo.h 中定义了整型变量 a，并赋值为 100；foo2.h 包含了 foo.h，并定义了整型变量 b，赋值为 200；main.c 包含了 foo.h 和 foo2.h，并打印了变量 a 和 b 的值。该程序在编译时会报错，虽然 foo2.h 没有定义变量 a，但是引用了 foo.h，经过预处理，在 foo2.h 中会出现“int a =100”语句，因此 main.c 既引用了 foo.h，又引用了 foo2.h，经过预处理，会有两条“int a = 100”语句，致使报错变量 a 被重复定义。

那么，问题该怎么解决呢？可通过条件编译来解决该问题。条件编译是指预处理器根据条件编译指令，有条件地选择源程序中的一部分代码作为输出信息，发送给编译器进行编译。这样可以有选择地执行相应的操作，防止宏替换内容（如文件等）产生重复包含。C 语言中的条件编译指令的形式有很多种，下面介绍最常用的三种形式。

7.4.1 #if /#else/ #endif 指令

在 C 语言中，最常用的条件编译指令是#if/#else/#endif 指令，该指令可根据常数表达式决定某段代码是否被执行。其语法格式如下：

```
#if 常数表达式
    程序段 1
#else
    程序段 2
#endif
```

只编译程序段 1 和程序段 2 其中一个，当常数表达式结果为真时，则对程序段 1 进行编译，否则对程序段 2 进行编译。

【例 7-9】 使用#if/ #else /#endif 实现 C 语言跨平台，判断程序对 Win32 和 X64 平台的支持情况。

【解题思路】

先定义两个宏，分别表示 Win32 和 X64 平台，然后再定义一个宏 SYSTEM，表示系统平台，用于在前两者中选择一个平台，通过#if/ #else/ #endif 指令打印当前支持的平台。

【程序代码】

```
#include <stdio.h>

#define XWIN32 0
#define X64 1
#define SYSTEM XWIN32
int main()
{
    //通过判断宏SYSTEM的值，输出程序支持的平台
    #if SYSTEM == XWIN32
        printf("Win32\n");
    #else
        printf("X64\n");
    #endif
    return 0;
}
```

【运行结果】

```
E:\AllPrograms\CPrograms\chapter7\7-10.exe
Win32

--------------------------------
Process exited after 0.2975 seconds with return value 0
请按任意键继续. . .
```

【程序分析】

首先，使用#define 指令定义三个宏，分别表示 Win32、X64 和系统平台，然后通过#if/ #else/ #endif 指令判断宏 SYSTEM 的值，确定程序支持的平台。可先将宏 SYSTEM 的值修改为 X64，再运行程序查看结果是否有变化。

7.4.2 #ifdef 指令

#ifdef 指令用于判断某个宏是否被定义。其语法格式如下：

```
#ifdef 宏名
    程序段 1
#else
    程序段 2
#endif
```

如果宏已被定义，则对程序段 1 进行编译，否则对程序段 2 进行编译。

【例 7-10】使用#ifdef 指令判断是否输出调试信息。

【解题思路】

通过#ifdef 指令判断是否定义了宏 DEBUG，如果定义了该宏，则输出调试信息，否则不输出调试信息。

【程序代码】

```
1  #include <stdio.h>
2  #define DEBUG
3
4  int main()
5  {
6      #ifdef DEBUG
7          printf("输出调试信息\n");
8      #else
9          printf("不输出调试信息\n");
10     #endif
11     return 0;
12 }
```

【运行结果】

```
E:\AllPrograms\CPrograms\chapter7\7-11.exe
输出调试信息

--------------------------------
Process exited after 0.1227 seconds with return value 0
请按任意键继续. . .
```

【程序分析】

首先，使用#define 指令定义宏 DEBUG，然后通过#ifdef 指令判断是否定义了宏 DEBUG，根据不同情况输出不同运行结果。先注释第 2 行代码，再运行程序查看运行结果是否有变化。

7.4.3 #ifndef 指令

与#ifdef 指令相反，#ifndef 指令用于判断某个宏是否未被定义。其语法格式如下：

```
#ifndef 宏名
    程序段 1
#else
    程序段 2
#endif
```

如果宏未被定义，则对程序段 1 进行编译，否则对程序段 2 进行编译。

【例 7-11】使用#ifndef 指令判断是否输出调试信息。

【解题思路】

与例 7-10 相反，#ifndef 指令用来判断是否未定义宏 DEBUG，如果没有定义该宏，则不输出调试信息，否则输出调试信息。

【程序代码】

```
1  #include <stdio.h>
2  #define DEBUG
3
4  int main()
5  {
6      #ifndef DEBUG
7          printf("不输出调试信息\n");
8      #else
9          printf("输出调试信息\n");
10     #endif
11     return 0;
12 }
```

【运行结果】

```
E:\AllPrograms\CPrograms\chapter7\7-12.exe
输出调试信息

--------------------------------
Process exited after 0.09918 seconds with return value 0
请按任意键继续. . .
```

【程序分析】

首先，使用#define 指令定义宏 DEBUG，然后通过#ifndef 指令判断是否未定义宏 DEBUG，根据不同情况输出不同结果。先注释第 2 行代码，再运行程序查看结果是否有变化。

一个项目包含多个文件，文件之间可能出现重复包含的问题，造成编译器报错，可通过#ifndef 指令来解决该问题。

【例 7-12】使用#ifndef 指令对例 7-8 的代码进行修改。

foo.h：

```
#ifndef A    //如果没有定义宏A
#define A    //定义宏A
int a = 100;
#endif
```

【运行结果】

```
选择E:\AllPrograms\CPrograms\chapter7\7-13\7-13.exe
a=100
b=200

--------------------------------
Process exited after 0.2764 seconds with return value 0
请按任意键继续. . .
```

【程序分析】

只修改 foo.h，其他两个文件保持不变。在 foo.h 中使用#ifndef 指令进行判断，当没有定义宏 A 时，则定义宏 A 和变量 a。在 main.c 中引入了 foo.h 和 foo2.h，但不会报错，这是由于在引入 foo.h 时，并没有定义宏 A，因此先定义宏 A 和变量 a，然后引入 foo2.h。这时通过判断得知宏 A 已经被定义了，不会再次定义变量 a。

提　高　篇

任务 7.5　学生信息管理系统 6

【例 7-13】输入学生信息及编辑学生信息均需要输入学生成绩，因此在项目中创建 utils.h 头文件，并在该头文件中定义 inputScore 函数（存放在 studentInfo.c 文件中），用于输入学生成绩。

【程序代码】

utils.h：

```
int inputScore(char message[])
{
    int score=-1;
    printf("%s\n",message);
    for(;;)
    {
        scanf("%d",&score);
        if(0<=score&&score<=100)
        {
            return score;
        }
        printf("学生成绩为0~100分的整数，请重新输入!\n");
    }
}
```

studentInfo.c：

```
#include <stdio.h>
#include "utils.h"
void main()
{
    /*为了运行inputScore函数，  主函数暂时只调用inputScore函数*/
    /*由于输入学生成绩时提示 "请输入学生新的C语言成绩：",
    因此将提示信息作为实参传给形参message*/
    int score=0;
    score = inputScore("请输入学生新的C语言成绩：");
    printf("学生新的C语言成绩是：%d\n",score);
}
```

【运行结果】

```
请输入学生新的C语言成绩：
-10
学生成绩为0～100分的整数，请重新输入！
20
学生新的C语言成绩是：20
请按任意键继续. . .
```

思考练习

一、填空题

1．指令__________用于定义宏。

2．指令__________用于取消宏定义。

3．条件编译指令包括__________、__________ 、__________ 3 种形式。

4．指令__________用于文件包含。

二、选择题

1．在“文件包含”预处理语句的使用中，当#include 后面的文件名用" "（双引号）引起时，寻找被包含文件的方式是（　　）。

A．直接按系统设定的标准方式搜索目录

B．先在源程序所在目录搜索，再按系统设定的标准方式搜索

C．仅搜索源程序所在目录

D．仅搜索当前目录

2．C 语言编译系统对宏命令的处理是（　　）。

A．在程序运行时进行的

B．在程序连接时进行的

C．和程序中的其他语句同时进行编译的

D．在源程序中的其他成分正式编译之前进行的

3．设有以下宏定义：

```
#define N 3
#define Y(n) ((N+1)*n)
```

则执行语句“z=2*(N+Y(5+1));”后，z 的值为（　　）。

A．48　　B．60　　C．42　　D．54

4．在宏定义“#define PI 3.14159”中，用宏名 PI 代替一个（　　）。

A．常量　　B．单精度实数　　C．双精度实数　　D．字符串

5．以下有关宏替换的叙述不正确的是（　　）。

A．宏替换不占用运行时间　　B．宏名无类型

C．宏替换只能进行字符替换　　D．宏名必须用大写字母表示

三、读程序题

1．设有以下宏定义：

```
#define WIDTH 80
#define LENGTH WIDTH+40
```

则执行赋值语句“v=LENGTH*20;”（v 为 int 型变量）后，v 的值是__________。

2．下面程序的运行结果是__________。

```
#define MUL(z) (z)*(z)
int main()
{
   printf("%d\n", MUL(1+2)+3);
}
```

3．下面程序的运行结果是__________。

```
#define SELECT(a, b)  a<b?a:b
int main()
{
   int m=2, n=4;
   printf("%d\n", SELECT(m,n));
}
```

四、编程题

输入 2 个整数，求它们相除的余数，用带参数的宏定义来实现。

项目八 指　　针

学习目标

- 掌握指针变量的定义与使用
- 掌握通过指针引用数组
- 掌握通过指针引用字符串
- 掌握指针数组的定义与运用
- 了解函数指针与指针函数
- 了解动态内存分配与指向它的指针变量

技能目标

- 学会指针变量的定义与使用
- 学会通过指针引用数组
- 学会通过指针引用字符串
- 学会指针数组的定义与运用

素质目标

- 培养全局观、大局意识
- 培养沟通能力与协调能力

在通过网络购买商品后，我们凭借取件码去快递点取快递，快递点的工作人员再凭借取件码把快递摆放在指定的位置。这样看来，取件码是一个非常关键的数字。在程序运行过程中，也有一个关键的数字，它就是内存地址，常量、变量、函数等都是通过内存地址读取的。指针变量是C语言中的一种特殊的变量类型，它用来存储变量的内存地址。正确使用指针，可以使程序更高效、灵活。指针是C语言的精华，同时也是C语言中最难掌握的知识点。

基 础 篇

任务 8.1 指针变量

8.1.1 地址和指针的概念

1. 地址

（1）地址的概念

在程序中定义了一个变量，在编译时就会给这个变量分配存储单元。系统根据程序中定义的变量类型分配一定长度的存储单元。例如，微型计算机使用的系统会为整型变量分配 4 字节存储单元，为单精度实型变量分配 4 字节存储单元，给字符型变量分配 1 字节存储单元。内存区的每一字节都有一个编号，这就是地址。

（2）存储单元的地址与存储单元的内容的区别

假设程序已定义了 3 个整型变量 one、two、three，在编译时系统分配 1000～1003 这 4 字节给 one，分配 1004～1007 这 4 字节给 two，分配 1008～1011 这 4 字节给 three。一般通过变量名对存储单元进行存取操作。程序经过编译后，已经将变量名转换为变量的地址，对变量值的存取都是通过地址进行的。

变量的存取方式包括直接访问和间接访问。

① 直接访问：直接利用变量的地址进行存取。

例如，“printf("%d",one)”是先根据变量名与地址的对应关系找到变量 one 的地址 1000，然后从以 1000 开始的 4 字节的存储单元中取出数据并输出。

例如，“scanf("%d",&two)”是把键盘输入的值送到以 1004 开始的 4 字节的存储单元中。

例如，“three=one+two”是先从 1000～1003 的存储单元取出变量 one 的值，再从 1004～1007 的存储单元中取出变量 two 的值，将它们相加再将值送到变量 three 的存储单元（1008）中。

② 间接访问：将变量的地址存储在另一个变量中。

例如，存取变量 three 的值，先找到存储变量 three 的存储单元（2000），从中取出变量 three 的存储单元（1008），然后到该存储单元中取出变量 three 的值（12），如图 8-1 所示。

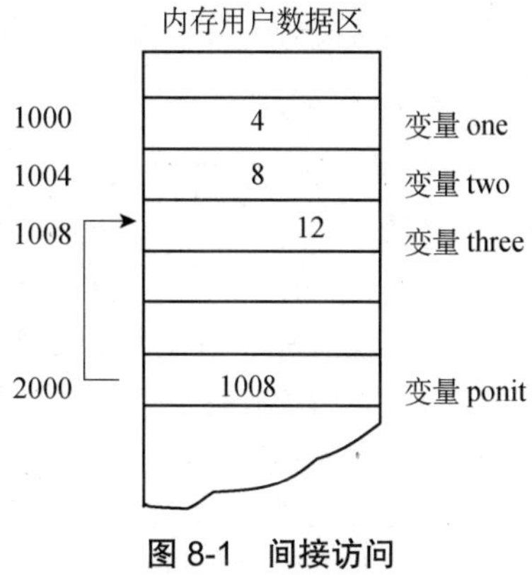

图 8-1 间接访问

2. 指针

（1）指针的概念

通过地址能找到所需的变量，可以说地址“指向”了变量，因此 C 语言将地址形象地称为“指针”，一个变量的地址被称为该变量的指针。

（2）指针变量的概念

如果有一个变量专门用来存储另一变量的地址（指针），则称这个变量为指针变量。

8.1.2 指针变量的定义

1. 格式

```
基类型 *指针变量名;
```

例如，int *pointer1，float *pointer2 等。

2. 说明

① 基类型用来指定指针变量可以指向的变量类型，由于不同类型的变量占用的内存空间是不一致的，因此不可以用指向整型变量的指针变量指向其他数据类型的变量。

② 星号表示该变量的类型为指针类型，在定义语句中仅是一个类型说明符，没有运算符的作用。

8.1.3 指针变量的引用

指针变量只能存储地址，且只能存储相同数据类型的变量的地址。

1. 给指针变量赋值

```
pointer=&student;                // 把 student 的地址赋给指针变量 pointer
```

2. 引用指针变量指向的变量

如果执行“pointer=&student;”，让指针变量 pointer 指向了整型变量 student，则有

```
printf("%d",*pointer);           // 以整数形式输出指针变量 pointer 指向的变量的值
```

3. 引用指针变量的值

```
printf("%o",pointer);//以八进制整数形式输出指针变量 pointer 的值(指针指向变量的地址)
```

注意：

① &：取地址运算符。

② *：指针运算符（间接访问）。

③ &与*的组合（按自右向左的顺序结合）：若有 p=&a，则&*p 等价于&(*p)=&a=p，即取变量 a 的地址；*&a 等价于*(&a)=*p=a，即取变量 a 的值。

【例 8-1】 通过指针变量访问整型变量。

【解题思路】

先定义 2 个整型变量，再定义 2 个指针变量分别指向这两个整型变量，通过指针变量可以找到它们指向的整型变量，从而得到整型变量的值。

【程序代码】

```
#include <stdio.h>
void main()
{
```

```
    int html=85,english=90;
    int *pointerHtml,*pointerEnglish;
    pointerHtml=&html;                    // 把变量html的地址赋给pointerHtml
    pointerEnglish=&english;              // 把变量english的地址赋给pointerEnglish
    printf("网页设计成绩：%d,英语成绩：%d\n",html,english);
    printf("网页设计成绩：%d,英语成绩：%d\n",*pointerHtml,*pointerEnglish);
}
```

【运行结果】

```
网页设计成绩：85,英语成绩：90
网页设计成绩：85,英语成绩：90

--------------------------------
Process exited after 0.588 seconds with return value 30
请按任意键继续. . .
```

【程序分析】

从上面的例子可以看到，只要指针变量被赋予变量地址，则“*指针变量名”与变量名是等价的。因为“*指针变量名”是从该指针变量指向的地址里面取变量值，因此与直接使用变量名的效果相同。由于采用的是间接访问，“*指针变量名”这个表达式的执行效率比直接使用变量名的效率高。

【例 8-2】输入网页设计成绩和英语成绩，并按从高到低的顺序输出成绩。

【解题思路】

在使用指针时，不直接交换成绩的值，而是交换指向成绩的两个指针变量的值。

【程序代码】

```
#include <stdio.h>
void main()
{
    int html,english,*pointerHtml,*pointerEnglish,*pTemp;     // pTemp是临时指针变量
    printf("请依次输入网页设计和英语的成绩(逗号隔开)：\n");
    scanf("%d,%d",&html,&english);
    pointerHtml=&html;
    pointerEnglish=&english;
    if(html<english)
    {
        pTemp=pointerHtml;                                    // 交换的是指针变量的值
        pointerHtml=pointerEnglish;
        pointerEnglish=pTemp;
    }
    printf("网页设计成绩：%d,英语成绩：%d\n",html,english);
    printf("成绩由高到低是：%d,%d\n",*pointerHtml,*pointerEnglish);
}
```

【运行结果】

```
请依次输入网页设计和英语的成绩(逗号隔开)：
85,90
网页设计成绩：85,英语成绩：90
成绩由高到低是：90,85

--------------------------------
Process exited after 4.621 seconds with return value 22
请按任意键继续. . .
```

【程序分析】

可不可以交换*pointHtml 和*pointerEnglish 的值来达到相同的目的呢？答案是可以的，而且这是推荐的做法。因为一般不改变指针变量的指向，而是改变指针变量指向的变量值。交换值是一个简单的功能，需要将其定义成函数。如果将上述代码直接转换成函数，那么主函数并不一定按由高到低的顺序输出结果，因为变量值并没有交换。相关知识在下一节学习。

注意：在定义指针变量后，应使其指向某个具体的变量，否则指针是悬空的，使用悬空指针是非常不好的编程习惯。指向的这个变量应该被赋值，否则会输出不定值。

8.1.4 指针变量作函数参数

函数的参数不仅可以是整型、浮点型、字符型等数据，还可以是指针变量。指针变量既可作函数的实参，也可作函数的形参。当指针变量作实参时，与普通变量一样，采用的也是值传递方式，即将指针变量的值（地址）传递给被调函数的形参（指针变量）。

【例 8-3】 将例 8-2 修改成函数调用的形式。

【解题思路】

主函数负责变量的定义、初始化、输入与输出等，子函数负责实现具体功能，因此将交换的代码定义成一个函数。

【程序代码】

```
#include <stdio.h>
void exchange(int *pointerHtml,int *pointerEnglish)
{
    int *pTemp;
    if(*pointerHtml<*pointerEnglish)
    {
        pTemp=pointerHtml;
        pointerHtml=pointerEnglish;
        pointerEnglish=pTemp;
    }
}
void main()
{
    int html,english,*pointerHtml,*pointerEnglish;
    printf("请依次输入网页设计和英语的成绩(逗号隔开)：\n");
    scanf("%d,%d",&html,&english);
    pointerHtml=&html;
    pointerEnglish=&english;
    exchange(pointerHtml,pointerEnglish);                // 交换功能由exchange函数实现
    printf("网页设计成绩：%d,英语成绩：%d\n",html,english);
    printf("成绩由高到低是：%d,%d\n",*pointerHtml,*pointerEnglish);
}
```

【运行结果】

```
请依次输入网页设计和英语的成绩(逗号隔开)：
85,90
网页设计成绩：85,英语成绩：90
成绩由高到低是：85,90

--------------------------------
Process exited after 5.142 seconds with return value 22
请按任意键继续. . .
```

【程序分析】

① 程序运行结果中的成绩没有发生交换。因为实参向形参进行单向值传递，无论传递的是普通变量的值还是地址，形参都无法把值传回形参。注意，虽然被调函数不可以改变实参指针变量的值，但可以改变实参指针变量指向的变量的值。

② 定义一个函数，如果该函数既没有输出值，又没有返回值，且形参不是地址，那么调用该函数毫无意义。

【例 8-4】将例 8-3 修改正确。

【解题思路】

由于形参不能把值传回实参，因此子函数操作的是指针变量指向变量的值，即“*指针变量名”应该出现在赋值号的左侧，或自增、自减运算符的左右两侧。

【程序代码】

```
#include <stdio.h>
void exchange(int *pointerHtml,int *pointerEnglish)
{
    int temp;                                   // 定义普通变量作为交换的临时变量
    if(*pointerHtml<*pointerEnglish)
    {
        temp=*pointerHtml;                      // 交换的是指针变量指向变量的值
        *pointerHtml=*pointerEnglish;
        *pointerEnglish=temp;
    }
}

void main()
{
    int html,english,*pointerHtml,*pointerEnglish;
    printf("请依次输入网页设计和英语的成绩(逗号隔开)：\n");
    scanf("%d,%d",&html,&english);
    pointerHtml=&html;
    pointerEnglish=&english;
    exchange(pointerHtml,pointerEnglish);             // 交换功能由exchange函数实现
    printf("网页设计成绩：%d,英语成绩：%d\n",html,english);
    printf("成绩由高到低是：%d,%d\n",*pointerHtml,*pointerEnglish);
}
```

【运行结果】

```
请依次输入网页设计和英语的成绩(逗号隔开):
85,90
网页设计成绩: 90,英语成绩: 85
成绩由高到低是: 90,85

--------------------------------
Process exited after 4.36 seconds with return value 22
请按任意键继续. . .
```

【程序分析】

① 为什么换成“*指针变量名”的形式就实现了所需的功能呢？因为我们通过间接访问对变量进行了操作，这个操作与在函数调用结束时释放形参空间无关。

② 将指针变量用作函数参数的最大作用就是通过函数调用改变主函数中相应变量的值，相当于通过函数调用返回 n 个值。如果想通过函数调用得到 n 个要改变的值，可以这样做：

① 在主函数中定义 n 个变量，用 n 个指针变量指向它们。

② 设计一个函数，有 n 个形参指针。在这个函数中改变这 n 个形参指针的值。

③ 在主函数中调用这个函数，在调用时将 n 个指针变量当作实参，将它们的值传递给该函数的形参指针，也就是传递相关指针变量的地址。

④ 在执行该函数的过程中，通过形参指针变量改变它们指向的 n 个变量的值。

⑤ 主函数可以使用这些改变了值的变量。

8.1.5 指针变量的其他运算

1. 算术运算

算术运算符只有+、–、+=、–=。一个地址常量加上或减去一个整数 n，其计算结果仍然是一个地址常量，它表示原地址常量的前方或后方的第 n 个数据的地址。

注意：指针移动的字节数与基类型有关，int 型移动 4 字节，char 型移动 1 字节。

2. 关系运算

两个指针之间的关系运算表示它们指向的地址的关系。关系运算主要用于数组和字符串运算。

注意：指向不同数据类型的指针的关系运算是没有意义的。

3. 逻辑运算

C 语言允许指针变量进行逻辑运算，一般用于判断指针变量是否为空指针，其他情况很少用到。

例如：if(pointerHtml!=NULL) {…}。

任务 8.2 通过指针引用数组

8.2.1 指向数组的指针变量的定义与赋值

指向数组的指针变量的定义方法与指向普通变量的指针变量的定义方法一样。

例如：

```
int student[10],*pointerStu;pointerStu=student;
int student[10],*pointerStu=student; // int student[10],*pointerStu=&student[0];
```

说明：

① 变量有地址，数组包含若干个数组元素，每个数组元素都在内存中占用存储单元，且都有相应的地址。指针变量既可以指向变量，也可以指向数组元素（把某一数组元素的地址赋给一个指针变量）。数组元素的指针就是数组元素的地址。

② 数组名代表数组在内存中的起始地址（与第一个元素的地址相同），因此可以用数组名给指针变量赋值。

注意：数组名代表地址常量，它不允许出现在赋值号的左侧，也不允许执行自增或自减操作。

8.2.2 通过指针引用数组元素

数组元素的引用，既可用下标法，也可用指针法。使用下标法会比较直观，而使用指针法能使目标程序占用内存少、运行速度快。

在一维数组中，假设“int score[5],*pointerScore=score; (pointerScore=score)”，

如果“*pointerScore=85”，则表示给 score[0]赋值为 85，即“score[0]=85”。

如果“pointerScore=pointerScore+2;*pointerScore=90”，则表示给 score[2]赋值为 90，即“score[2] =90”。

指向数组元素的指针可以表示成数组的形式。

假设“pointerointer[i]=*(pointer+i), pointer=a+3”，则有“pointer[2]=*(a+3+2)=a[5]”，“pointer[−2]= *(a+3−2)=a[1]”。

说明：

① 如果 pointer 的初始值为&a[0]（或为 a），则 pointer+i 和 a+i 都是数组元素 a[i]的地址；*(pointer+i)和*(a+i)是数组元素 a[i]的值。

② 指向数组的指针变量也可看作数组名，因而可采用下标法引用数组元素。

例如，pointer[i]等价于*(pointer+i)，引用一个数组元素可用下标法：a[i]，或用指针法：*(pointer+i)或*(a+i)。

注意，若“int a[5],*pointer=a;”，则有以下几种情况：

① pointer++（即 pointer+1）指向数组的下一个数组元素 a[1]，而不是简单地将指针变量 pointer 的值加 1。实际变化为 pointer+1*size=1000+1*4=1004（size 为一个数组元素占用的字节数），而不是 1001。

② *pointer++等价于*(pointer++)，先得到 pointer 指向的变量的值(*pointer)，即 a[0]，然后计算 pointer+1，使 pointer 指向 a[1] 。

③ *++pointer 等价于*(++pointer)，先计算(pointer+1)使 pointer 指向 a[1]，然后取 a[1]的值。

④ (*pointer)++表示 pointer 指向的数组元素值加 1，即(a[0])++，如果 a[0]=3，则(*pointer)++=4。

⑤ 如果 pointer 指向 a 数组的第 i 个数组元素，则有以下几种情况：

(pointer−−)相当于 a[i−−]，先对 pointer 进行“”运算，再使 pointer 自减。

(++pointer)相当于 a[++i]，先使 pointer 自加，再做“”运算。

(−−pointer)相当于 a[−−i]，先使 pointer 自减，再做“”运算。

⑥ 编译器在编译过程中只识别地址，因此在将指针变量名作为数组名处理时，编译器会先将指针变量存放的地址作为数组的首地址，然后再按照数据类型对应的内存空间依次读取数组元素，如果对应的内存空间里面没有存储数据，则输出不定值。

【例 8-5】计算冬奥会花样滑冰选手的得分（由 10 个裁判打分，要求先去掉 1 个最高分、去掉 1 个最低分，再求平均分）。

【解题思路】

分别使用下标法、指针法实现相应的功能。

方法 1：用下标法引用数组元素。

【程序代码】

```
#include <stdio.h>
void main()
{
    float score[10],sum=0,average=0,max,min;
    int i;
    printf("请依次输入10名裁判的打分：\n");
    for(i=0;i<10;i++)
    {
        scanf("%f",&score[i]);
        sum+=score[i];                          // 在输入过程中可以同步求和
    }
    max=min=score[0];
    for(i=1;i<10;i++)                           // 使用下标法遍历分数求最值
    {
        if(max<score[i])
        {
            max=score[i];
        }
        if(min>score[i])
        {
            min=score[i];
        }
    }
    average=(sum-max-min)/8;
    printf("选手最后得分是：%.3f 分\n",average);
}
```

【运行结果】

```
请依次输入10名裁判的打分：
9.9 10 8.7 9.2 8.9 8.8 9.3 9.5 9.8 8.8
选手最后得分是：9.275 分

--------------------------------
Process exited after 44 seconds with return value 25
请按任意键继续. . .
```

方法 2：用指针的下标法引用数组元素。

【程序代码】

```
#include <stdio.h>
void main()
{
    float score[10],sum=0,average=0,max,min;
    float *pointerScore=score;                  // 指针变量指向数组的首地址
    int i;
    printf("请依次输入10名裁判的打分：\n");
    for(i=0;i<10;i++)
    {
        scanf("%f",&pointerScore[i]);           // 指针变量名代替数组名
        sum+=pointerScore[i];
    }
```

```
    max=min=pointerScore[0];
    for(i=1;i<10;i++)
    {
        if(max<pointerScore[i])
        {
            max=pointerScore[i];
        }
        if(min>pointerScore[i])
        {
            min=pointerScore[i];
        }
    }
    average=(sum-max-min)/8;
    printf("选手最后得分是：%.3f 分\n",average);
}
```

【运行结果】

与方法 1 的运行结果相同。

方法 3：用指针变量引用数组元素。

【程序代码】

```
#include <stdio.h>
void main()
{
    float score[10],sum=0,average=0,max,min;
    float *pointerScore=score;                          // 指针变量指向数组的首地址
    int i;
    printf("请依次输入10名裁判的打分：\n");
    for(i=0;i<10;i++)
    {
        scanf("%f",pointerScore+i);                     // 使用指针法引用数组元素
        sum+=*(pointerScore+i);
    }
    max=min=score[0];
    for(pointerScore=score,i=1;i<10;i++)
    {
        if(max<*(pointerScore+i))                       // 使用指针变量引用数组元素
        {
            max=*(pointerScore+i);
        }
        if(min>*(pointerScore+i))
        {
            min=*(pointerScore+i);
        }
    }
    average=(sum-max-min)/8;
    printf("选手最后得分是：%.3f 分\n",average);
}
```

【运行结果】

与方法 1 的运行结果相同。

方法 4：通过指针变量的自增运算引用数组元素（通过自增运算实现指针移动的效率最高）。

【运行结果】

```
#include <stdio.h>
void main()
{
```

```
    float score[10],sum=0,average=0,max,min,*pointerScore;
    printf("请依次输入10名裁判的打分：\n");
    for(pointerScore=score;pointerScore<score+10;pointerScore++)
    {
        scanf("%f",pointerScore);            // 指针变量的值就是数据元素的地址
        sum+=*pointerScore;
    }
    max=min=score[0];
    for(pointerScore=score;pointerScore<score+10;pointerScore++)
    {
        if(max<*pointerScore)
        {
            max=*pointerScore;
        }
        if(min>*pointerScore)
        {
            min=*pointerScore;
        }
    }
    average=(sum-max-min)/8;
    printf("选手最后得分是：%.3f 分\n",average);
}
```

【运行结果】

与方法 1 的运行结果相同。

8.2.3 函数参数

将数组名用作函数参数时，数组名可以用作形参和实参，实参与形参应匹配。

【例 8-6】使用函数调用的方式计算例 8-5 的得分。

【解题思路】

发生函数调用时需要传递整个数组给形参变量，因此使用数组名或指针变量作为实参。

方法 1：将数组名作为函数参数。

【程序代码】

```
#include <stdio.h>
float average(float score[10],float s)          // 求平均分必须知道sum
{
    float ave=0,max=score[0],min=score[0];
    int i;
    for(i=1;i<10;i++)
    {
        if(max<score[i])
        {
            max=score[i];
        }
        if(min>score[i])
        {
            min=score[i];
        }
    }
    ave=(s-max-min)/8;
    return ave;
```

```
}
float sum(float score[10])
{
    float s=0;
    int i;
    printf("请依次输入10名裁判的打分：\n");
    for(i=0;i<10;i++)
    {
        scanf("%f",&score[i]);
        s+=score[i];
    }
    return s;
}
void main()
{
    float score[10],s=0,ave=0;
    s=sum(score);
    ave=average(score,s);
    printf("选手最后得分是：%.3f 分\n",ave);
}
```

【运行结果】

与例 8-5 的运行结果为相同。

方法 2：将指针变量作函数参数。

【程序代码】

```
#include <stdio.h>
float average(float *score,float s)
{
    float ave=0,max=score[0],min=score[0];
    int i;
    for(i=1;i<10;i++)
    {
        if(max<score[i])
        {
            max=score[i];
        }
        if(min>score[i])
        {
            min=score[i];
        }
    }
    ave=(s-max-min)/8;
    return ave;
}
float sum(float *score)                 //  将score形参作数组名即为实参score数组
{
    float s=0;
    int i;
    printf("请依次输入10名裁判的打分：\n");
    for(i=0;i<10;i++)
    {
        scanf("%f",&score[i]);
        s+=score[i];
    }
    return s;
}
void main()
{
```

```
    float score[10],s=0,ave=0,*pointerScore=score;
    s=sum(pointerScore);
    ave=average(pointerScore,s);
    printf("选手最后得分是：%.3f 分\n",ave);
}
```

【运行结果】

与例 8-5 的运行结果相同。

方法 3：通过指针变量自增来遍历数组。

【程序代码】

```
#include <stdio.h>
#define N 10
float average(float *score,float s)
{
    float ave=0,max=score[0],min=score[0],*first=score;
    for(;score<first+N;score++)
    {
        if(max<*score)
        {
            max=*score;
        }
        if(min>*score)
        {
            min=*score;
        }
    }
    ave=(s-max-min)/(N-2);
    return ave;
}
float sum(float *score)                    // score形参作数组名，即为score实参数组
{
    float s=0,*first=score;                // first记录数组首地址，作为遍历数组结束的条件
    printf("请依次输入10名裁判的打分：\n");
    for(;score<first+N;score++)
    {
        scanf("%f",score);
        s+=*score;
    }
    return s;
}
void main()
{
    float score[N],s=0,ave=0,*pointerScore=score;
    s=sum(pointerScore);
    ave=average(pointerScore,s);
    printf("选手最后得分是：%.3f 分\n",ave);
}
```

【运行结果】

与例 8-5 的运行结果相同。

【程序分析】

① 方法 1 简洁明了，适合不太了解指针的读者。方法 2 和方法 1 类似，只是将实参和形参换成了指针变量。方法 3 的运行效率最高，但也最容易出错。

② 在方法 3 中特别设定了一个指针变量 first 来记录数组首地址，随着指针变量自增，指针变量不再指向数组的首地址。在指向数组的指针变量进行自增时，有一个最需要注意的问题，即在数组遍历结束时一定要将指针变量指向数组的首地址，同时在遍历过程中，循环条件中的“数组首地址+数组长度”表达式中不能有指针变量，否则会陷入死循环。

8.2.4 二维数组与指针

1. 指向二维数组的指针变量

若有"int score[3][4]={{1},{2},{3}},i,j,*pointer;"，则有下列几种情况：

① 从二维数组的角度看，数组名 score 代表数组的首地址，也就是第 0 行数据的首地址。score 数组包含 3 行数据，即 3 个数组元素：score[0]、score[1]、score[2]，可用于表示每行的首地址，如 score[i]=&score[i][0]。score[0]代表的一维数组包含 4 个数组元素：score[0][0]、score[0][1]、score[0][2]、score[0][3]。

② score+1 代表第 1 行数据的首地址为 score[1]，如果首地址为 1000，则 score+1 的地址为 1016。score+i=&score[i]被称为行指针。score+1 和*(score+1)的地址都是 1016，因为 score+1 是地址，不是实际变量，因此没有指向；*(score+1)等价于 score[1]，但 score[1]不仅是一维数组，也是地址。

③ score[i]+j 代表第 i 行、第 j 列数组元素的地址，则 score[i]+j=&score[i][j]被称为列指针。因为 score[i]与*(score+i)等价，所以*(score+i)+j=&score[i][j]同样代表第 i 行、第 j 列数组元素的地址。m 行、n 列的二维数组 score[i][j]的地址可表示为：&score[i][j]、score[i]+j、*(score+i)+j、&score[0][0]+n*i+j、score[0]+n*i+j。

④ score[i][j]代表第 i 行、第 j 列数组元素的值，*(score[i]+j)=*(*(score+i)+j) 同样代表数组元素 score[i][j]的值，则引用 score[i][j]可表示为：score[i][j]、*(score[i]+j)、*(*(score+i)+j)、(*(score+i))[j]、*(&score[0][0]+n*i+j)。

⑤ 指向数组元素的指针变量不能指向二维数组的行，只能指向数组元素，因此可以写成 pointer=*score 或者 pointer=score[0]，写成 pointer=score 是错误的。

⑥ pointer+i 代表向后移 i 个数组元素，与 score+i 不一致。

2. 行指针变量

概念：指向由 n 个整数组成的一维数组的指针变量，可用于处理二维数组。

格式：类型名 (*指针名)[数组长度]。

例如： int score[3][4],(*pointer)[4]。

pointer=score 表示 pointer 是行指针变量，pointer 只能指向包含 4 个整型数组元素的一维数组，它的值是该一维数组（二维数组的行）的首地址，pointer 不能指向一维数组的某一个数组元素。

注意：

① pointer+i 是二维数组 scroe 的第 i 行数据的起始地址。*(pointer+i)+j 是 scroe[i][j]的地址。

② pointer [i][j]等价于 scroe[i][j]，即指针变量 pointer 可以当作二维数组使用。

③ 如果有 int *pointer[4]，则定义了指针数组。

【例 8-7】一个学习小组有 4 个学生，他们要学习 5 门课，请计算学习小组总平均成绩，并输出第 n 个学生的 5 门成绩。

【解题思路】

由于有 4*5 个数据，因此需要使用指向二维数组的指针作为函数参数。用 init 函数初始化学生成绩，用 average 函数求总平均成绩，用 query 函数查找并保存第 n 个学生的 5 门成绩，用 print 函数输出第 n 个学生的 5 门成绩。

【程序代码】

```
#include <stdio.h>
#define N 4
#define M 5
void init(float (*student)[M])                      // 定义行指针，用于替换二维数组名
{
    int i,j;
    for(i=0;i<N;i++)
    {
        printf("请依次输入第%d位学生的%d门成绩：\n",i+1,M);
        for(j=0;j<M;j++)
        {
            scanf("%f",&student[i][j]);
        }
    }
}
float average(float *pointerStu)
{
    float sum=0,ave,*pEnd;
    pEnd=pointerStu+N*M;                            // 记录数组最后一个数组元素的下一个地址
    for(;pointerStu<pEnd;pointerStu++)
    {
        sum=sum+(*pointerStu);
    }
    ave=sum/(N*M);
    return ave;
}
void query(float (*pointStu)[M],float score[M],int number)
{
    int i;
    for(i=0;i<M;i++)
    {
        score[i]=pointStu[number-1][i];
    }
}
void print(float score[M],int number)
{
    int i;
    printf("第%d位学生的%d门成绩分别是：\n",number,M);
    for(i=0;i<M;i++)
    {
        printf("%.1f ",score[i]);
    }
    printf("\n");
}
void main()
{
    float student[N][M],ave=0,score[M];
    int number;
    init(student);                                  // 不带星号，传递的是行指针
    ave=average(*student);                          // 带有星号，传递的是列指针
    printf("小组所有学生的总平均成绩是：%.3f\n",ave);
    printf("请输入要查询的学生序号(1-%d)：\n",N);
    scanf("%d",&number);
    query(student,score,number);
    print(score,number);
}
```

【运行结果】

```
请依次输入第1位学生的5门成绩:
60 65 70 75 80
请依次输入第2位学生的5门成绩:
65 70 75 80 85
请依次输入第3位学生的5门成绩:
70 75 80 85 90
请依次输入第4位学生的5门成绩:
75 80 85 90 95
小组所有学生的总平均成绩是: 77.500
请输入要查询的学生序号(1-4):
4
第4位学生的5门成绩分别是:
75.0 80.0 85.0 90.0 95.0

--------------------------------
Process exited after 42.88 seconds with return value 10
请按任意键继续. . .
```

【程序分析】

① 通过分析题目可以知道，例 8-7 需要实现 4 个功能，即成绩的输入、求总平均成绩、查询学生成绩、输出学生成绩，因此需要定义 4 个函数。将数组名作为函数参数，从而在函数调用结束后，主函数中的数组元素的值会更新。

② 单独定义一维数组 score，专门用于存储指定学生的 5 门成绩，便于其他函数处理这些成绩。

③ 如果大家对普通变量遍历二维数组的代码不是很熟悉，那么建议使用二维数组名作为实参，将“(*行指针变量名) [列长度]”作为形参，这样可以在子函数中直接使用行指针变量名作为二维数组名，简化操作。

任务 8.3 通过指针引用字符串

8.3.1 字符数组与字符串

1. 字符数组的初始化

可以使用字符串常量进行数组初始化。

例如，“char c[8]="string!";”或“char c[ ]="string!";”。

注意：

① 将字符数组作为字符串处理时，最后的字符为\0。用整个字符串赋值与逐个字符赋值的区别是前者会自动加入字符串的结束标志\0。

② 数组长度应始终大于或等于字符串的长度加 1，字符数组不要求最后一个字符为\0。

③ 采用“char str[10];str="string!";”赋值是错误的，因为地址常量不能赋值。

2. 字符数组的输入/输出

① 逐个字符输入/输出：用格式符“%c”输入或输出一个字符。

例如：

```
scanf(“%c”,&a[i]);
```

② 将整个字符串一次输入/输出：用格式符“%s”实现。

例如：

```
char  c[ ]="China!";  printf("%s",c);          //输出结果为China!
char  c[7]={'C','h','i','n','a','!'};  printf("%s",c);          //输出结果为China!
```

注意：

① 数组名前不加&，因为&代表数组的起始地址。

② 采用“char str[7]= {'s','t','r','i','n','g','!'}; printf("%s",str);”输出是错误的，因为字符数组不包含\0，故不能正确输出。

（3）当数组长度大于或等于字符串长度加 1 时，只要遇到\0 则结束输出。如果字符数组包含多个\0，则在遇到第一个\0 时就结束输出。

8.3.2　指针与字符串

字符串在内存中的起始地址被称为字符串的指针，可以让一个字符指针变量指向一个字符串。在 C 语言中，既可以用字符数组表示字符串，也可以用字符指针变量表示字符串。引用字符串时，既可以逐个字符引用，也可以整体引用。

1. 通过字符指针变量逐个字符引用

【例 8-8】使用字符指针变量表示和引用字符串。

方法 1：通过移动字符指针变量遍历字符串。

【解题思路】

让字符指针变量指向字符串，通过移动字符指针变量遍历字符串。

【程序代码】

```
#include <stdio.h>
void main()
{
    char *string="Beijing 2022!";           // 定义字符指针变量并指向字符串
    for(;*string!='\0';string++)            // 通过移动字符指针变量遍历字符串
    {
        printf("%c",*string);
    }
    printf("\n");
}
```

【运行结果】

```
Beijing 2022!

--------------------------------
Process exited after 0.9889 seconds with return value 10
请按任意键继续. . .
```

方法 2：将字符指针变量名当作字符数组名处理。

【解题思路】

定义字符指针变量并指向字符串，将字符指针变量名当作字符数组名处理。

【程序代码】

```
#include <stdio.h>
void main()
{
    char *string="Beijing 2022!";
    int i;
    for(i=0;string[i]!='\0';i++)
    {
        putchar(string[i]);
    }
    printf("\n");
}
```

【运行结果】

同方法 1 的运行结果一样。

【程序分析】

用字符串常量“Beijing 2022!”的首地址给字符指针变量 string 赋初始值。在字符指针变量 string 中，仅存储字符串常量的首地址，而字符串常量的内容存储在系统自动开辟的内存中，并在字符串尾部添加\0。

若定义了 1 个字符指针变量，并使它指向了 1 个字符串后，则可以使用下标法引用字符指针变量指向的字符串中的字符。

2. 通过字符指针变量整体引用

【例 8-9】使用整体引用的方法完成例 8-8。

【解题思路】

使用%s 格式化输出字符串。

【程序代码】

```
#include <stdio.h>
void main()
{
    char *string="Beijing 2022!";
    printf("%s\n",string);
}
```

【运行结果】

同例 8-8 的运行结果一样。

【程序分析】

“printf("%s\n",string);”语句通过指向字符串的指针变量 string 整体引用指向的字符串。其原理如下：系统首先输出 string 指向的第 1 个字符，然后使 string 自动加 1，使之指向下一个字符，再重复上述过程，直至遇到字符串结束标志。显然，整体引用比逐个字符引用更简洁。

3. 字符指针变量作函数参数

如果想把字符串从一个函数传递到另一个函数，可以用地址传递，即将字符数组名看作函数参数，也可以将字符指针变量看作函数参数。可以在被调函数中改变字符串的内容，主函数可以引用改变后的字符串。

【例 8-10】通过函数调用实现字符串复制。

【解题思路】

定义一个 copyString 函数，用来实现字符串复制的功能，在主函数中调用此函数，函数的形参和实参可以用字符数组名或字符指针变量表示。

方法 1：全部使用字符数组。

【程序代码】

```
#include <stdio.h>
void init(char from[80])
{
    printf("请输入原始的字符串：\n");
    gets(from);                              // gets函数允许输入带空格的字符串
}
void copyString(char from[80],char to[80])
{
    int i=0;
    for(;from[i]!='\0';i++)
    {
        to[i]=from[i];
    }
    // 读取到\0 则结束循环，为了保证字符数组的最后一个数组元素是\0，必须有下列操作
    to[i]='\0';
}
void main()
{
    char from[80],to[80];
    init(from);
    copyString(from,to);
    printf("原始字符串是：%s\n复制得到的字符串是：%s\n",from,to);
}
```

【运行结果】

```
请输入原始的字符串：
I love you China!
原始字符串是：I love you China!
复制得到的字符串是：I love you China!

--------------------------------
Process exited after 14.33 seconds with return value 70
请按任意键继续. . .
```

方法 2：全部使用字符指针变量。

【程序代码】

```
#include <stdio.h>
void init(char *from)
{
    printf("请输入原始的字符串：\n");
    gets(from);
}
void copyString(char *from, char *to)
{
    int i=0;
    for(;*from!='\0';from++,to++)
    {
        *to=*from;
    }
    *to='\0';
}
void main()
{
```

```
    char from[80],to[80];
    char *pointerFrom=from,*pointerTo=to;
    init(from);
    copyString(pointerFrom,pointerTo);
    printf("原始字符串是：%s\n复制得到的字符串是：%s\n",from,to);
}
```

【运行结果】

同方法 1 的运行结果一样。

方法 3：全部定义为字符指针变量。

【程序代码】

```
#include <stdio.h>
void init(char *from)
{
    printf("请输入原始的字符串：\n");
    gets(from);
}
void copyString(char *from, char *to)
{
    int i=0;
    for(;*from!='\0';from++,to++)
    {
        *to=*from;
    }
    *to='\0';
}
void main()
{
    char *from,*to;
    init(from);
    copyString(from,to);
    printf("原始字符串是：%s\n复制得到的字符串是：%s\n",from,to);
}
```

【运行结果】

```
请输入原始的字符串：
I love you China

--------------------------------
Process exited after 11.4 seconds with return value 3221225477
请按任意键继续. . .
```

【程序分析】

① 我们已经将数组名用作函数参数，这种形式更容易理解。

② 在介绍字符串函数时就已经强调过，在字符串之间赋值不能通过“=”实现，需要通过 strcpy 函数实现。

③ 很明显，方法 3 失败了。如果使用字符指针变量，要特别注意它一定有指向，不能试图通过调用 init 函数让它指向一个字符串，因为在函数调用形参时不能把值传回实参。前面的例子通过指针变量定位到要操作的变量，并读取变量的值或者给变量赋值，而不是通过函数调用改变主函数中的指针变量的指向。

4. 字符指针变量与字符数组的区别

① 存储内容不同。字符指针变量存储的是字符串的首地址，而字符数组存储的是字

符串。

② 赋值方式不同。字符指针变量可采用下面的赋值语句赋值。

```
char *p;p="Beijing 2022!";
```

虽然字符数组可以在定义时进行初始化，但不能用赋值语句整体赋值，因为数组名是地址常量，如“char a[20];a="Beijing 2022!";”是错误的。

③ 字符指针变量的值是可以改变的，而字符数组的数组名是一个地址常量，不可以改变。

例如：

```
char *p="Beijing 2022!";p+=3;      printf("%s\n",p);
```

输出结果是“jing 2022 !”。

“char a[ ]="Beijing 2022!"; a+=3; printf("%s\n",a);”是错误的。

任务 8.4　指针数组

8.4.1　指针数组的定义

若数组元素均为指针类型的数据，则该数据被称为指针数组。也就是说，指针数组中的每个数组元素都存储一个地址，相当于存储一个指针变量。下面定义一个指针数组：

```
int * pointer[4];
```

由于[]比*的优先级高，因此 pointer 先与[4]结合，形成 pointer[4]，这显然形成了数组，表示 pointer 数组有 4 个数组元素。然后与 pointer 前面的“*”结合，“*”表示此数组是指针类型的，每个数组元素（相当于指针变量）都可指向一个整型变量。注意，不要写成如下形式：

```
int (*pointer)[4];              //指向一维数组的指针变量
```

定义一维指针数组的一般形式如下：

```
类型名 *数组名[数组长度];
```

8.4.2　指针数组的运用

指针数组适合用来指向若干个字符串，使字符串处理更加方便、灵活。例如，超市有若干商品，需要对商品进行排序和查询。字符串本身就是字符数组，因此要设计一个二维字符数组才能存储多个字符串。在定义二维字符数组时，需要指定列数，让二维字符数组每一行包含的数组元素个数（即列数）相等。实际上，字符串长度一般是不相等的，如按最大长度定义列数，则会浪费内存空间。此时可以先定义一些字符串，然后用指针数组中的数组元素分别指向各字符串，每个指针都存储字符串的首地址。如果想对字符串排序，不必改动字符串的位置，只需改动指针数组中各数组元素的指向（即改变各数组元素的值，这些值是各字符串的首地址）。这样各字符串的长度可以不同，而且移动指针变量的值（地址）要比移动字符串花的时间少。

【例 8-11】将商品名按字母顺序输出。

【解题思路】

定义一个指针数组 goodsName，先用字符串对它进行初始化，即把多个字符串的第一个字符的地址赋给指针数组的数组元素，然后用选择排序法排序（不是移动字符串，而是改变指针数组中各数组元素的指向）。

【程序代码】

```
#include <stdio.h>
#include <string.h>
#define N 5
void init(char *goodsName[N],char name[N][80])  // 在输入商品名称的同时初始化指针数组
{
    int i;
    for(i=0;i<N;i++)
    {
        printf("请录入第%d个商品名称：\n",i+1);
        gets(name[i]);
        goodsName[i]=name[i];
    }
}
void sort(char *name[N])                           // 选择排序法
{
    char *temp;
    int i,j,k;
    for(i=0;i<N-1;i++)
    {
        k=i;
        for(j=i+1;j<N;j++)
        {
            if(strcmp(name[k],name[j])>0)
            {
                k=j;
            }
            if(k!=i)
            {
                temp=name[i];
                name[i]=name[k];
                name[k]=temp;
            }
        }
    }
}
void print(char *name[N])
{
    int i;
    printf("商品名按字母顺序从小到大排序为：\n");
    for(i=0;i<N;i++)
    {
        printf("%s\n",name[i]);
    }
}
void main()
{
    char *goodsName[N],name[N][80];
    init(goodsName,name);
    sort(goodsName);
    print(goodsName);
}
```

【运行结果】

```
请录入第1个商品名称：
bingdundun
请录入第2个商品名称：
xuerongrong
请录入第3个商品名称：
orange
请录入第4个商品名称：
banana
请录入第5个商品名称：
apple
商品名按字母顺序从小到大排序为：
apple
banana
bingdundun
orange
xuerongrong

--------------------------------
Process exited after 25.98 seconds with return value 0
请按任意键继续
```

【程序分析】

一般情况下，数据都需要输入，或者从数据库和文件中导入，不推荐使用直接指定初始值的方式。但是这样就必须通过函数调用给数据进行初始化，在涉及指针变量时，不要造成悬空指针。

为什么使用例 8-10 的方法 3 失败了，而使用本例的 init 函数却可以成功初始化指针数组呢？这是因为例 8-10 的方法 3 中的实参和形参都是指针变量，形参不能把值传给实参，从而造成了悬空指针，导致程序结束运行。而本例中实参和形参都是数组，且数组元素在子函数中都出现在赋值号的左侧，因此子函数调用改变了主函数中数组元素的值，即将主函数中的 goodsName 指针数组的各指针分别指向了输入的 5 个字符串。

前面统计了字符串中各类字符的个数，可以用本例的指针数组实现吗？答案是不可以。如果希望通过函数调用返回 n 个值，那么将这 n 个值定义成一个数组，将数组名作为实参。如果这 n 个值的数据类型不一致怎么办呢？那就需要定义 n 个指针变量指向它们，将指针变量作为实参，在子函数中以"*指针变量名"的方式出现在赋值号左侧，或自增、自减运算符两侧，即可实现返回 n 个值的目的。综上所述，一般用不到指针数组，除非是类似本例的情况，需要通过函数调用给多个指针变量进行初始化。

【例 8-12】根据例 8-11 改写例 8-10。

方法 1：通过调用 init 函数指向原始字符串。

【解题思路】

定义一个指针数组 pointerFrom，只有一个数组元素，先通过调用 init 函数使其指向原始字符串，再调用 copyString 函数实现字符串复制。

【程序代码】

```
#include <stdio.h>
void init(char *pointerFrom[1],char from[80])        // 输入原始的字符串并赋值
{
    printf("请输入原始的字符串：\n");
    gets(from);
    pointerFrom[0]=from;
}
void copyString(char *from, char *to)
{
    int i=0;
    for(;*from!='\0';from++,to++)
    {
```

```
        *to=*from;
    }
    *to='\0';
}
void main()
{
    char *pointerFrom[1],from[80],to[80]="";
    init(pointerFrom,from);
    copyString(pointerFrom[0],to);
    printf("原始字符串是：%s\n复制得到的字符串是：%s\n",pointerFrom[0],to);
}
```

【运行结果】

同例 8-10 的运行结果一样。

方法 2：通过调用 init 函数输入原始字符串。

【解题思路】

定义一个字符指针变量 pointerFrom，指向原始字符串，先通过调用 init 函数输入原始字符串，再调用 copyString 函数实现字符串复制。

【程序代码】

```
#include <stdio.h>
void init(char name[80])
{
    printf("请输入原始的字符串：\n");
    gets(name);
}
void copyString(char *from, char *to)
{
    int i=0;
    for(;*from!='\0';from++,to++)
    {
        *to=*from;
    }
    *to='\0';
}
void main()
{
    char *pointerFrom,from[80],to[80]="";
    init(from);
    pointerFrom=from;
    copyString(pointerFrom,to);
    printf("原始字符串是：%s\n复制得到的字符串是：%s\n",pointerFrom,to);
}
```

【运行结果】

同例 8-10 的运行结果一样。

【程序分析】

① 本例的方法 1、方法 2 都不推荐使用。如果是类似于例 8-11 需要输入多个字符串的情况，则需要将多个字符指针变量指向这些字符串，那么使用循环比较好，而主函数一般不实现具体功能，因此通过函数调用实现输入和指向的功能是比较好的。如果只需要输入一个字符串，那么只需要先通过函数调用输入字符串，再使字符指针变量指向该字符串，因此在该函数中没有必要实现字符指针变量的指向功能。

② 在使用例 8-11 的方法和本例中的方法 1 时，init 函数中为什么要附带一个字符数组呢？因为在函数调用结束以后，该函数中的所有变量都要被释放，为了保证字符指针变量指

向的字符串能够正确被读取，所以追加一个字符数组来保证该字符串对应的内存空间不会被释放。

③ 结合例 8-10、例 8-11、例 8-12 可知，能够直接用数组名作为函数参数最好，因为当把数组名作为函数参数时，数组元素的初始化数据会被保留下来，同时适用于字符串。如果需要同时初始化多个字符串，此时使用指针数组比较合适。

进阶篇

任务 8.5　函数指针和指针函数

8.5.1　指向函数的指针

1. 什么是函数的指针

如果在程序中定义了一个函数，那么在编译时会把函数的源代码转换为可执行代码，并为其分配一段内存空间。这段内存空间有一个起始地址，也称函数的入口地址。每次调用函数都从入口地址开始执行函数代码。函数名代表函数的起始地址，在调用函数时，可根据函数名得到函数的起始地址，并执行函数代码。

函数名是函数的指针，它代表函数的起始地址。

可以定义一个指向函数的指针变量，用来存储某一函数的起始地址，这就意味着此指针变量指向该函数。定义指向函数的指针变量的一般形式如下：

```
类型名( *指针变量名)(函数参数表列);
```

例如：

```
float (*pointer)(float,float);
```

上式将 pointer 定义为一个指向函数的指针变量，它可以指向函数类型为单精度实型，且有两个单精度实型参数的函数。

2. 函数指针的使用

① 赋值格式："函数指针变量=函数名;"。

例如，"pointer=max;"，则 pointer 指向 max 函数。

② 引用格式："(*函数指针变量)(实参表列);"。

例如，"max=(*pointer)(html,english);"。

③ 指向函数的指针变量，如 pointer+n、pointer++、pointer−−等都是没有意义的。

④ 指向函数的指针变量的常见用途之一，就是将其作为参数，传递到其他函数中。

【例 8-13】用函数求 5 门成绩中的最高分。

【解题思路】

定义一个 max 函数，用来求 5 门成绩中的最高分。在主函数中调用 max 函数，除了可以通过函数名调用外，还可以通过指向函数的指针变量调用。

方法 1：通过函数名调用函数。

【程序代码】

```
#include <stdio.h>
void init(float score[5])                        // 通过init函数输入5门成绩
{
    int i;
    printf("请依次输入5门成绩：\n");
    for(i=0;i<5;i++)
    {
        scanf("%f",&score[i]);
    }
}
float max(float score[5])                        // 通过max函数求最大值
{
    float maximum=score[0];
    int i;
    for(i=1;i<5;i++)
    {
        if(maximum<score[i])
        {
            maximum=score[i];
        }
    }
    return maximum;
}
void main()
{
    float score[5],maximum=0;
    init(score);
    maximum=max(score);
    printf("5门成绩中的最高分是：%.1f 分!\n",maximum);
}
```

【运行结果】

```
请依次输入5门成绩：
55 65 95 75 85
5门成绩中的最高分是：95.0 分!

--------------------------------
Process exited after 8.956 seconds with return value 28
请按任意键继续. . .
```

方法 2：通过指针变量调用其指向的函数。

【程序代码】

```
#include <stdio.h>
void init(float score[5])
{
    int i;
    printf("请依次输入5门成绩：\n");
    for(i=0;i<5;i++)
    {
        scanf("%f",&score[i]);
    }
}
float max(float score[5])
{
    float maximum=score[0];
```

```
    int i;
    for(i=1;i<5;i++)
    {
        if(maximum<score[i])
        {
            maximum=score[i];
        }
    }
    return maximum;
}
void main()
{
    float score[5],maximum=0;
    float (*pointerMax)(float score[5]);              // 定义指向函数的指针变量
    init(score);
    pointerMax=max;                                   // 使指针变量指向函数
    maximum=(*pointerMax)(score);                     // 通过指针变量调用函数
    printf("5门成绩中的最高分是：%.1f 分!\n",maximum);
}
```

【运行结果】

同方法 1 的运行结果一样。

【程序分析】

定义指向函数的指针变量，并不意味这个指针变量可以指向任何函数，它只能指向在定义时指定的类型的函数。如“double (*pointer)(double,double);”表示指针变量 pointer 可以指向函数返回值为双精度实型的数值，且有两个双精度实型参数的函数。在程序中把哪一个函数（该函数的值是双精度实型的数值，且有两个双精度实型参数）的地址赋给它，它就指向哪一个函数。在同一个程序中，同一个指针变量可以先后指向同类型的不同函数。

3. 用指向函数的指针作函数参数

指向函数的指针的 1 个重要用途是把函数的入口地址作为参数传递到其他函数中。指向函数的指针可以作为函数参数，把函数的入口地址传递给形参，这样就能在被调函数中使用实参函数。原理可以简述如下：有 1 个函数（假设函数名为 manage），它有 2 个形参（pointer1 和 pointer2），将 pointer1 和 pointer2 定义为指向函数的指针变量。在调用 manage 函数时，实参为 2 个函数名 max 和 min，给形参传递的是 max 和 min 函数的入口地址。这样在 manage 函数中就可以调用 max 和 min 函数了。

【例 8-14】现有学生的 5 门成绩，要求显示界面有 4 个选项（与数字 1～4 对应），分别对应总分、平均分、最高分、最低分。

【解题思路】

定义 4 个函数 sum、average、max 和 min，分别用来求总分、平均分、最高分、最低分。在主函数中根据用户输入的数字调用 manage 函数实现 4 个功能。在 manage 函数中定义 1 个指向函数的指针变量，用于接收实参（函数名）。

【程序代码】

```
#include <stdio.h>
void init(float score[5])
{
    int i;
    printf("请依次输入5门成绩：\n");
    for(i=0;i<5;i++)
```

```
        {
            scanf("%f",&score[i]);
        }
}
// 显示菜单，可以放在循环体内，直到退出才结束菜单显示
void menu()
{
    printf("1. 总分\n");
    printf("2. 平均分\n");
    printf("3. 最高分\n");
    printf("4. 最低分\n");
}
float sum(float score[5])
{
    float s=0;
    int i;
    for(i=0;i<5;i++)
    {
        s+=score[i];
    }
    return s;
}
float average(float score[5])
{
    float average=0;
    int i;
    for(i=0;i<5;i++)
    {
        average+=score[i];
    }
    return average/5;
}
float max(float score[5])
{
    float maximum=score[0];
    int i;
    for(i=1;i<5;i++)
    {
        if(maximum<score[i])
        {
            maximum=score[i];
        }
    }
    return maximum;
}
float min(float score[5])
{
    float minimum=score[0];
    int i;
    for(i=1;i<5;i++)
    {
        if(minimum>score[i])
        {
            minimum=score[i];
        }
    }
    return minimum;
}
void manage(float score[5],float (*pointer)(float score[5]))
{
    float result;
```

```
    result=(*pointer)(score);
    printf("%.2f 分\n",result);
}
// 主函数不实现具体功能，由choose函数实现选择功能
void choose(float score[5],int option)
{
    switch(option)
    {
        case 1:
            manage(score,sum);break;
        case 2:
            manage(score,average);break;
        case 3:
            manage(score,max);break;
        case 4:
            manage(score,min);break;
        default:
            printf("你输入的选项不存在!\n");
    }
}
void main()
{
    float score[5];
    int option;
    init(score);
    menu();
    scanf("%d",&option);
    choose(score,option);
}
```

【运行结果】

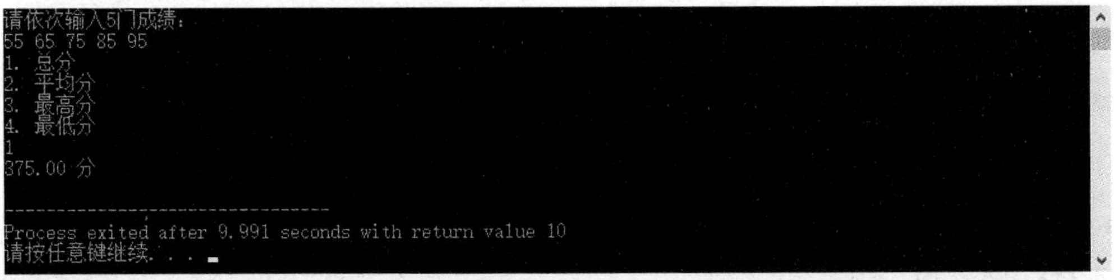

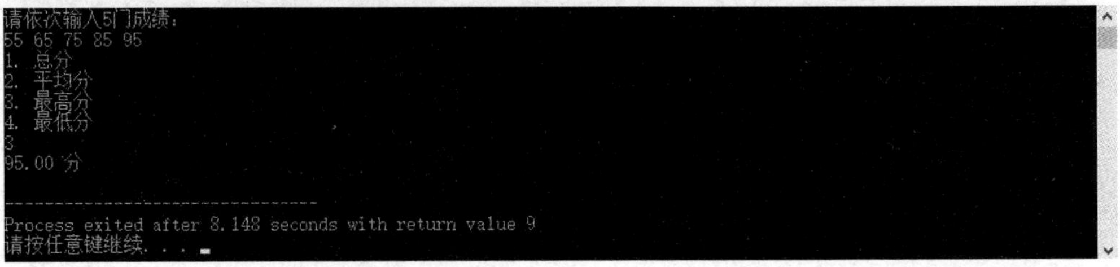

```
请依次输入5门成绩：
55 65 75 85 95
1. 总分
2. 平均分
3. 最高分
4. 最低分
1
375.00 分

--------------------------------
Process exited after 9.991 seconds with return value 10
请按任意键继续. . .
```

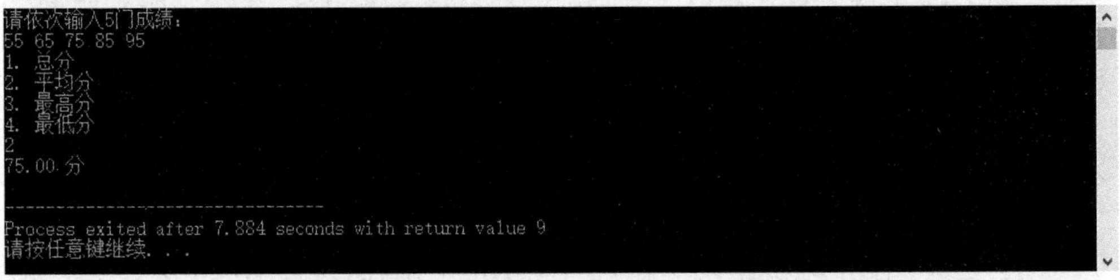

```
请依次输入5门成绩：
55 65 75 85 95
1. 总分
2. 平均分
3. 最高分
4. 最低分
2
75.00 分

--------------------------------
Process exited after 7.884 seconds with return value 9
请按任意键继续. . .
```

```
请依次输入5门成绩：
55 65 75 85 95
1. 总分
2. 平均分
3. 最高分
4. 最低分
3
95.00 分

--------------------------------
Process exited after 8.148 seconds with return value 9
请按任意键继续. . .
```

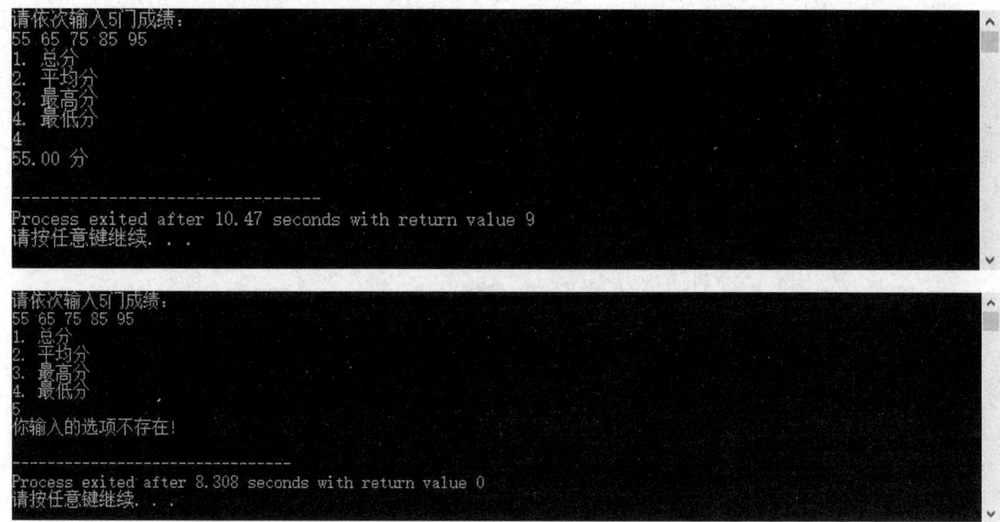

【程序分析】

① 从本例可以清楚地看到，不论调用函数 sum、average 或 max 中的哪一个，manage 函数都没有改变，只改变实参（函数名）。在 manage 函数输出 result 时，由于在不同的情况下调用了不同的函数，因此 result 的值是不同的，这就增加了函数的灵活性。

② 可以编写一个通用函数实现各种专用功能。

8.5.2　返回指针值的函数

函数可以返回整型值、字符型值、实型值，也可以返回指针值，即地址。

定义返回指针值的函数的原型如下：

```
类型名*函数名(参数表列);
```

例如，“int *max(int x,int y);”，max 是函数名，调用它能得到一个指向整型数据的指针，即整型数据的地址；x 和 y 是 max 函数的形参，皆为整型变量。

请注意，在*max 的两侧不加圆括号，max 的两侧分别为*和()，()的优先级高于*，因此 max 先与()结合，显然这是函数形式。函数前面有一个*，表示此函数是指针型函数，最前面的 int 表示返回的指针指向整型变量。

【例 8-15】一个学习小组有 5 个学生，他们要学习 4 门课，要求在输入学生的序号以后输出该学生的全部成绩（用指针函数实现）。

【解题思路】

定义一个二维数组 score，用来存储学生成绩；定义一个查询学生成绩的函数 query，它是一个返回指针值的函数，形参是指向一维数组的指针变量和整型变量，从主函数中将数组名 score 和学生的序号 number 传递给形参，在主函数中调用 print 函数输出该学生的全部成绩。

【程序代码】

```
#include <stdio.h>
#define N 5
#define M 4
void init(float score[N][M])
{
    int i,j;
    for(i=0;i<N;i++)
    {
        printf("请依次输入第%d位学生的%d门成绩：\n",i+1,M);
        for(j=0;j<M;j++)
        {
            scanf("%f",&score[i][j]);
        }
    }
}
float *query(float score[N][M],int number)
{
    // score+number-1为第number行的首地址，为行指针，所以加*转换为普通指针
    return *(score+number-1);
}
void print(float score[M],int number)
{
    int i;
    printf("第%d位学生的%d门成绩分别是：\n",number,M);
    for(i=0;i<M;i++)
    {
        printf("%.1f ",score[i]);
    }
    printf("\n");
}
void main()
{
    float score[N][M],*student;
    int number;
    init(score);
    printf("请输入要查询的学生序号(1-%d)：\n",N);
    scanf("%d",&number);
    student=query(score,number);
    print(student,number);
}
```

【运行结果】

```
请依次输入第1位学生的4门成绩：
45 55 65 75
请依次输入第2位学生的4门成绩：
55 65 75 85
请依次输入第3位学生的4门成绩：
65 75 85 95
请依次输入第4位学生的4门成绩：
75 85 95 85
请依次输入第5位学生的4门成绩：
85 95 85 75
请输入要查询的学生序号(1-5)：
4
第4位学生的4门成绩分别是：
75.0 85.0 95.0 85.0

--------------------------------
Process exited after 43.26 seconds with return value 10
请按任意键继续. . .
```

【程序分析】

在前面的例题提到过，形参指针不能把地址传回实参指针，因此如果希望通过函数调用

返回指针，那么使用指针函数是非常有效的。

需要注意的是，指针函数返回的是一个普通地址，只能返回一维数组的首地址或数组元素地址，不能返回行指针，否则编译器会报错。

【例 8-16】 在例 8-15 中找出成绩不及格的学生的序号和这位学生的所有成绩。

【解题思路】

在例 8-15 的基础上修改程序。主函数通过 search 函数先后 3 次调用 query 函数，在 query 函数中检查 5 个学生有无成绩不及格的，如果有就返回&score[i][0]，否则返回 NULL。在 search 函数中检查返回值，输出成绩不及格的学生的 4 门成绩。

【程序代码】

```
#include <stdio.h>
#define N 5
#define M 4
void init(float score[N][M])
{
    int i,j;
    for(i=0;i<N;i++)
    {
        printf("请依次输入第%d位学生的%d门成绩：\n",i+1,M);
        for(j=0;j<M;j++)
        {
            scanf("%f",&score[i][j]);
        }
    }
}
void print(float score[M],int number)
{
    int i;
    printf("不及格学生信息：\n第%d位学生的成绩分别是：\n",number);
    for(i=0;i<M;i++)
    {
        printf("%.1f ",score[i]);
    }
    printf("\n");
}
float *query(float score[N][M])
{
    int i;
    float *pointer=NULL;            // 假设pointer的值为NULL，代表及格
    for(i=0;i<M;i++)
    {
        if(*(*score+i)<60)
        {
            pointer=*score;         // 如果不及格，使pointer指向score[i][0]
        }
    }
    return pointer;
}
void search(float score[N][M])
{
    float *pointer;
    int i;
    for(i=0;i<N;i++)
    {
        //调用query函数,如不及格则返回score[i][0]的地址，否则返回NULL
        pointer=query(score+i);
```

```
            if(pointer==*(score+i))      //如果返回的是score[i][0]
            {
                print(pointer,i+1);
            }
        }
}
void main()
{
    float score[N][M];
    init(score);
    search(score);
}
```

【运行结果】

```
请依次输入第1位学生的4门成绩:
20 30 40 50
请依次输入第2位学生的4门成绩:
60 70 80 90
请依次输入第3位学生的4门成绩:
50 60 70 80
请依次输入第4位学生的4门成绩:
70 80 90 100
请依次输入第5位学生的4门成绩:
100 90 55 80
不及格学生信息:
第1位学生的成绩分别是:
20.0 30.0 40.0 50.0
不及格学生信息:
第3位学生的成绩分别是:
50.0 60.0 70.0 80.0
不及格学生信息:
第5位学生的成绩分别是:
100.0 90.0 55.0 80.0

--------------------------------
Process exited after 46.88 seconds with return value 10
请按任意键继续. . .
```

【程序分析】

在 query 函数中，先使 pointer=NULL（即 pointer=0）。用 pointer 作为区分成绩是否不及格的标志。若 4 门成绩中有不及格的，就使 pointer 指向本行的第 0 列元素，即“pointer=&score[i][0];”，若无不及格的，则保持 pointer 的值为 NULL，将 pointer 返回 search 函数。在 search 函数中，把调用 query 函数得到的函数值（指针变量 pointer 的值）赋给 pointer。用 if 语句判断 pointer 是否等于*(score+i)，若相等，则表示学生序号为 i 的学生有成绩不及格的情况（pointer 的值为* (score+i)，即 pointer 指向 i 行、0 列的数组元素），输出该学生（有成绩不及格的学生）4 门课的成绩。若无成绩不及格的情况，则 pointer 的值是 NULL。

（3）请思考如何控制“不及格学生信息:”这行提示信息，让它只输出一次。

任务 8.6　内存的动态分配与指向它的指针变量

8.6.1　什么是内存的动态分配

项目六介绍过全局变量和局部变量，全局变量分配在内存的静态存储区中，非静态的局部变量（包括形参）分配在内存的动态存储区中，这个动态存储区是一个被称为栈（Stack）的区域。此外，C 语言还允许建立内存的动态分配区域，以存储一些临时数据，这些临时数据不必在程序的声明部分定义，也不必等到函数结束时释放，而是在需要时随时开辟内存空间，在不需要时随时释放。这些临时数据被临时存储在一个特别的自由存储区，也称堆（Heap）区。可以根据需要向系统申请所需大小的内存空间。由于未在声明部分将它们定义为变量或数组，因此不能通过变量名或数组名引用，只能通过指针引用。

8.6.2　建立内存的动态分配

内存的动态分配是通过系统提供的库函数实现的，主要有 malloc、calloc、realloc、free 这 4 个函数。

1. 用 malloc 函数开辟动态存储区

其函数原型如下：

```
void *malloc(unsigned int size) ;
```

其作用是在内存的动态存储区中分配一个长度为 size 的连续空间。形参 size 的类型为无符号整型（不允许为负数）。此函数的值（即返回值）是当前分配区域的第一字节的地址，或者说，此函数是一个指针型函数，返回的指针指向该分配区域的第一字节，例如：

```
malloc( 100);          //开辟 100 字节的临时分配区域，函数值为其第一字节的地址
```

注意，指针的基类型为 void，即不指向任何类型的数据，只提供一个地址。如果此函数未被成功执行（如内存空间不足），则返回空指针（NULL）。

2. 用 calloc 函数开辟动态存储区

其函数原型如下：

```
void * calloc(unsigned n,unsigned size) ;
```

其作用是在内存的动态存储区中分配 n 个长度为 size 的连续空间，这个空间一般比较大，足以保存一个数组。

calloc 函数可以为一维数组开辟动态存储区，n 为数组元素个数，每个数组元素的长度为 size，这就是动态数组。函数返回一个指向分配区域的第一字节的指针，如果分配不成功，则返回 NULL，例如：

```
pointer= calloc(50,4);  //开辟 50*4 字节的临时分配区域，把首地址赋给指针变量 pointer
```

3. 用 realloc 函数重新分配动态存储区

其函数原型如下：

```
void *realloc(void * p,unsigned int size);
```

如果已经通过 malloc 函数或 calloc 函数获得动态存储区，想改变其内存大小就可以用 realloc 函数。

用 realloc 函数将 p 指向的动态存储区的大小改为 size，p 的值不变。如果重分配不成功，则返回 NULL，例如：

```
realloe(p,50);              //将 p 指向的已分配的动态存储区改为 50 字节
```

4. 用 free 函数释放动态存储区

其函数原型如下：

```
void free(void * p) ;
```

其作用是释放指针变量 p 指向的动态存储区，使这部分空间能重新被其他变量使用。指针变量 p 是最近一次调用 calloc 或 malloc 函数得到的函数返回值，例如：

```
free(p);            //释放指针变量 p 指向的已分配的动态存储区，free 函数无返回值
```

以上 4 个函数的声明都在 stdlib.h 头文件中，在用到这些函数时应当用“#include <stdlib.h>”指令把 stdlib.h 头文件包含到程序文件中。

【例 8-17】 建立动态数组，输入 5 个学生的成绩，用 1 个函数检查有无不及格的成绩，若有则输出不合格的成绩。

【解题思路】

用 malloc 函数开辟一个动态存储区，用来存储 5 个学生的成绩，可以得到这个动态存储区的第 1 字节的地址，它的基类型是 void 。用 1 个基类型为 float 型的指针变量 score 指向动态数组的各数组元素，并输出它们的值。必须先把 malloc 函数返回的 void 指针转换为单精度实型指针，然后赋给指针变量 score。

【程序代码】

```
#include <stdio.h>
#include <stdlib.h>                          // 在程序中用malloc函数，应包含stdlib.h
#define N 5
void init(float score[N])
{
    int i;
    printf("请依次输入%d门成绩：\n",N);
    for(i=0;i<N;i++)
    {
        scanf("%f",&score[i]);
    }
}
void query(float score[N])
{
    int i;
    printf("不及格成绩有:\n");
    for(i=0;i<5;i++)
    {
        if(score[i]<60)
        {
            printf("%.1f  ",score[i]);          // 输出不合格的成绩
        }

    }
    printf("\n");
}
int main()
{
    float *score;                           // score是float型指针变量
    // 开辟动态存储区，先将地址转换成float *型，然后放在score中
    score=(float *)malloc(5*sizeof(float));
    init(score);
    query(score);                             // 调用query函数
    free(score);
}
```

【运行结果】

```
请依次输入5门成绩:
55 70 80 90 45
不及格成绩有:
55.0  45.0

--------------------------------
Process exited after 9.923 seconds with return value 10
请按任意键继续. . .
```

【程序分析】

① 在程序中没有定义数组，而是开辟一个动态存储区作为动态数组使用。在调用 malloc 函数时没有给出具体的数值，而使用大小为 5*sizeof(float)的动态存储区，因为有 5 个学生的成绩，每个成绩都是一个整数，为了使程序具有通用性，故用 sizeof 运算符确定在本系统中的单精度实型数据的字节数。调用 malloc 函数的返回值是 void 型的指针变量，要把它赋给 score 应先进行类型转换，把该指针转换成 float 型的指针变量。

② 在调用 query 函数时，把 score 的值传给了 score，因此 score 的首地址就是指向动态存储区的首地址，可以认为形参数组与实参数组共享同一个动态存储区。

提　高　篇

任务 8.7　学生信息管理系统 7

【例 8-18】修改学生信息管理系统 6，使 inputScore 函数无返回值，并且可以直接更新学生成绩。

【程序代码】

utils.h：

```
void inputScore(char message[],int *score)
{
   printf("%s\n",message);
   for(;;)
   {
      scanf("%d",score);
      if(0<=*score&&*score<=100)
      {
         break;
      }
      printf("学生成绩为0～100分的整数，请重新输入!\n");
   }
}
```

studentInfo.c：

```
#include <stdio.h>
#include "utils.h"
void main()
```

```
{
    /*为了调试inputScore函数，主函数暂时只调用inputScore函数*/
    /*由于修改的是提示信息，输入学生新的成绩，
    因此将提示信息作为实参传给形参message*/
    int score=0;
    inputScore("请输入学生新的C语言成绩：",&score);
    printf("学生新的C语言成绩是：%d\n",score);
}
```

【运行结果】

```
请输入学生新的C语言成绩：
-10
学生成绩为0-100分的整数，请重新输入！
80
学生新的C语言成绩是：80
请按任意键继续. . .
```

【例 8-19】定义 queryByName 函数，用于接收主函数传递过来的学生姓名字符数组，在输入学生姓名后查询学生信息是否存在。

【程序代码】

```
#include <stdio.h>
#include <string.h>
/*实际开发中，形参为studentInfo数组，本例暂时使用字符串数组*/
void queryByName(int n,char name[10][21])
{
    /*为防止输入过长的字符串，故定义输入的字符串长度为50个字符*/
    char inputName[50];
    int i=0;
    printf("请输入要查询的学生姓名:\n");
    scanf("%s",inputName);
    while(strcmp(name[i],inputName)!=0&&i<n)
    {
        /*查找并判断*/
        i++;
    }
    if(i!=n)
    {
        /*如果查询成功，将调用相关方法显示学生的所有信息
        printf("查询成功!该学生的信息如下：\n");
    }
    else
    {
        printf( "您要查找的学生不存在!\n"); /*输出失败信息*/
    }
}
void main()
{
    /*为了调试inputScore函数，主函数暂时只调用inputScore函数*/
    /*由于修改的是提示信息， 输入学生新的成绩，
    因此将提示信息作为实参传给形参message*/
    char name[10][21]={"liudehua","lixinghua","zhangxueyou","guofucheng","liming"
        ,"xiaoming","zhangsan","lisi","wangwu","wangjie"};
```

```
    /*由于一开始系统内部没有数据，n为0，所以n为当前studentInfo数组
    中实际存在的学生个数*/
    queryByName(10,name);
}
```

【运行结果】

```
请输入要查询的学生姓名:
wangjie
查询成功!该学生的信息如下:
请按任意键继续. . .
```

思考练习

一、选择题

1．设变量 p 是指针变量，语句“p=NULL;”给指针变量赋值为 NULL，它等价于（　　）。

A．p= "";　　B．p= '0';　　C．p=0;　　D．p= '';

2．有以下程序：

```
#include <stdio.h>
void main()
{      int  m=1,n=2,*p=&m,*q=&n,*r;
       r=p;  p=q;  q=r;
       printf("%d,%d,%d,%d\n",m,n,*p,*q);    }
```

程序运行后的输出结果是（　　）。

A．1,2,1,2　　B．1,2,2,1　　C．2,1,2,1　　D．2,1,1,2

3．若有定义语句：

```
double x,y,*px,*py;
```

在执行“px=&x;py=&y;”之后，正确的输入语句是（　　）。

A．scanf("%f%f",x,y);　　B．scanf("%f%f",&x,&y);

C．scanf("%lf%le",px,py);　　D．scanf("%lf%lf",x,y);

4．有以下程序：

```
void fun(int *a,int *b)
{   int *c;        c=a;a=b;b=c; }
main()
{   int x=3,y=5,*p=&x,*q=&y;
    fun(p,q);         printf("%d,%d,",*p,*q);
    fun(&x,&y);   printf("%d,%d\n",*p,*q);   }
```

程序运行后的输出结果是（　　）。

A．3,5,5,3　　B．3,5,3,5　　C．5,3,3,5　　D．5,3,5,3

5．有以下程序：

```
void f(int *p,int *q);
 main()
 {   int m=1,n=2,*r=&m;
```

```
    f(r,&n);   printf("%d,%d",m,n);     }
 void f(int *p,int *q)
 {   p=p+1;    *q=*q+1;     }
```

程序运行后的输出结果是（　　）。

A. 1,3　　B. 2,3　　C. 1,4　　D. 1,2

6. 有以下程序：

```
void fun(int n,int *p)
{   int f1,f2;
    if(n==1||n==2)   *p=1;
    else
{ fun(n-1,&f1); fun(n-2,&f2); *p=f1+f2; } }
main( )
{   int s;    fun(3,&s);    printf("%d\n",s); }
```

程序运行后的输出结果是（　　）。

A. 2　　B. 3　　C. 4　　D. 5

7. 有以下程序：

```
void  main( )
{     int   a[ ]={10,20,30,40},*p=a,i;
      for(i=0;i<=3;i++)  {  a[i]=*p;p++;  }
      printf("%d\n",a[2]);                  }
```

程序运行后的输出结果是（　　）。

A. 30　　B. 40　　C. 10　　D. 20

8. 若有以下定义：

```
int x[10], *pt=x;
```

则 x 数组元素的正确引用是（　　）。

A. *&x[10]　　B. *(x+3)　　C. *(pt+10)　　D. pt+3

9. 有以下程序：

```
int b=2;
int fun(int *k)
{     b=*k+b;     return(b);    }
main()
{     int a[10]={1,2,3,4,5,6,7,8},i;
      for(i=2;i<4;i++)
      {    b=fun(&a[i])+b;    printf("%d ",b);}
      printf("\n");        }
```

程序运行后的输出结果是（　　）。

A. 10 12　　B. 8 10　　C. 10 28　　D. 10 16

10. 有以下程序：

```
#define N 3
void  fun(int a[ ][N],int b[ ])
{   int  i,j;
    for(i=0;i<N;i++)
       {  b[i]=a[i][0];
          for(j=i;j<N;j++)         if(b[i]<a[i][j])  b[i]=a[i][j];  }      }
void  main( )
{     int  x[N][N]={1,2,3,4,5,6,7,8,9},y[N],i;         fun(x,y);
```

```
    for(i=0;i<N;i++)      printf("%d,",y[i]);
    printf("\n");                                       }
```

程序运行后的输出结果是（　　）。

A．2,4,8,　　B．3,6,9,　　C．3,5,7,　　D．1,3,5,

11．有以下程序：

```
void  main( )
{   char  *s="12134";      int  k=0,a=0;
    while(s[k+1]!='\0')
    {    k++;   if(k%2==0)
         {    a=a+(s[k]-'0'+1); continue;  }
              a=a+(s[k]-'0');                              }
       printf("k=%d a=%d\n",k,a);                  }
```

程序运行后的输出结果是（　　）。

A．k=6 a=11　　B．k=3 a=14　　C．k=4 a=12　　D．k=5 a=15

12．有以下程序：

```
main( )
{     char ch[ ]="uvwxyz",*pc;    pc=ch;
      printf("%c\n",*(pc+5)); }
```

程序运行后的输出结果是（　　）。

A．z　　B．0

C．数组元素 ch[5]的地址　　D．字符 y 的地址

13．有以下程序：

```
#include <string.h>
void fun(char s[ ][10],int n)
{    char t; int i,j;
     for(i=0;i<n-1;i++)
         for(j=i+1;j<n;j++)
             if(s[i][0]>s[j][0])
   {  t=s[i][0]; s[i][0]=s[j][0]; s[j][0]=t; }
 /* 比较字符串的长度 ,并按由小到大的顺序排列*/
}
main( )
{  char ss[5][10]={"bcc","bbcc","xy","aaaacc","aabcc"};
   fun(ss,5);
   printf("%s,%s\n",ss[0],ss[4]); }
```

程序的运行结果是（　　）。

A．xy,aaaacc　　B．aaaacc,xy　　C．xcc,aabcc　　D．acc,xabcc

14．有以下程序：

```
main()
{    char *a[ ]={"abcd","ef","gh","ijk"};
     int i;
     for(i=0;i<4;i++)    printf("%c",*a[i]);
}
```

程序运行后的输出结果是（　　）。

A．aegi　　B．dfhk　　C．abcd　　D．abcdefghijk

15．设有以下函数：

```
void  fun(int  n,char  *s)  { …… }
```

则下列对函数指针的定义和赋值均正确的选项是（　　）。

A．void (*pf)();　pf=fun;　　　　　　B．void *pf();　pf=fun;

C．void *pf();　*pf=fun;　　　　　　D．void (*pf)(int,char); pf=&fun;

二、读程序题

1．利用指针指向 3 个整型变量，通过指针运算找出最大值，并输出到屏幕上。请在以下程序中完成填空。

```
main( )
{     int x,y,z,max,*px,*py,*pz,*pmax;
      scanf("%d%d%d",&x,&y,&z);
      px=&x; py=&y; pz=&z;
      pmax=&max;
      【                                 】;
      if(*pmax<*py)       *pmax=*py;
      if(*pmax<*pz)       *pmax=*pz;
      printf("max=%d\n",max);        }
```

2．下列程序的输出结果是（　　）。

```
#include <string.h>
char *fun(char *t)
{    char *p=t;
     return (p+strlen(t)/2); }
main( )
{   char *str="abcdefgh";
str=fun(str);    puts(str);     }
```

3．请将以下程序中的函数声明语句补充完整。

```
int 【                                   】;
main()
{    int x,y,(*p)();
     scanf("%d%d", &x, &y);
     p=max;
     printf("%d\n", (*p)(x,y));      }
int max(int a, int b)
{   return(a>b?a:b);      }
```

三、编程题

1．输入 10 个整数，将其中最小的整数与第 1 个整数对换，把最大的整数与最后一个整数对换，要求用指针实现。提示，写 3 个函数分别用于：①输入 10 个整数；②进行处理；③输出 10 个整数。

2．写 1 个函数求字符串的长度。在主函数中输入 1 个字符串，并输出其长度，要求用指针实现。

3．1 个班有 4 个学生，他们要上 5 门课程。分别编 3 个函数实现以下 3 个功能：①求第 1 门课程的平均成绩；②找出 2 门以上课程成绩不及格的学生，输出他们的学号、全部课程成绩及平均分；③找出平均分在 90 分以上或全部课程成绩在 85 分以上的学生，要求用指针实现。

项目九　结构体和共用体

学习目标

- 掌握结构体变量的使用方法
- 掌握结构体数组的使用方法
- 掌握结构体指针变量的使用方法
- 掌握共用体的使用方法
- 掌握结构体与共用体的应用

技能目标

- 学会结构体的使用方法
- 学会共用体的使用方法

素质目标

- 提高对创新能力的重视与培养
- 提高对任务实施过程中操作规范化和标准化的认识

前面介绍了使用基本类型（如整型、字符型等）变量存储数据的方法，但在实际应用中，有时需要将不同类型但相关的数据组合成一个整体，并使用一个变量描述和引用。C 语言提供了名为“结构体”的数据类型来描述这类数据。与前面介绍的数据类型不同，结构体需要先被构造出来，再用来定义相应的变量。

基　础　篇

任务 9.1　定义与使用结构体变量

9.1.1　结构体的定义

格式如下：

```
struct 结构体名
{
```

```
    数据类型 成员名 1;
    数据类型 成员名 2;
    ...
};
```

例如，构造学生基本情况的结构体，学生基本情况如表 9-1 所示。

表 9-1　学生基本情况表 1

num	name	sex	age	addr
2022001	张维	M	18	南昌
2022002	李佳佳	F	17	九江

```
struct stuinfo
{
    long num;
    char name[20];
    char sex;
    int age;
    char addr[50];
};
```

以上代码定义了一个结构体 stuinfo。以后我们可以像定义 int 型变量一样，使用结构体定义变量了。

说明：

① 结构体的定义以 struct 关键字开头（不能省略），结构体名是用户自定义的标识符，其命名规则与变量相同。

② 在花括号（{ }）中的内容是组成结构体的数据项，也称结构体的成员，成员的定义与变量相同，即多个相同类型的成员可以用同一个类型名定义，用逗号将多个成员隔开。比如，以上代码也可以写成：

```
struct stuinfo
        {
            long num;
            char name[20],sex,addr[50];
            int age;
        };
```

但一般采用分开写的方式，会让结构体中的成员更为直观。

③ 结构体成员的数据类型可以是简单类型、数组、指针或已定义过的结构体类型等。

④ 结构体的定义一般放在函数外，以分号结束结构体类型的定义。

9.1.2　定义结构体变量

定义结构体时并不分配存储单元，只有定义了相应的结构体变量，才会分配内存的存储单元。定义结构体变量有以下 3 种方式。

1. 先定义结构体，再定义结构体变量

例如，前面已经定义了名为 stuinfo 的结构体，现在使用 stuinfo 定义结构体变量 stu1、

stu2。

```
struct  stuinfo  stu1,stu2;
```

2. 在定义结构体的同时定义结构体变量

结构体变量的定义格式如下：

```
struct 结构体名
{
    数据类型 成员名 1;
    数据类型 成员名 2;
    …
}变量名 1，变量名 2，…;
```

具体应用如下：

```
//在定义结构体 stuinfo 的同时定义了两个结构体变量 stu1、stu2
struct stuinfo
{
    long num;
    char name[20];
    char sex;
    int age;
    char addr[50];
}stu1,stu2;
```

3. 直接定义结构体变量

格式如下：

```
struct
{
    数据类型 成员名 1;
    数据类型 成员名 2;
    …
}变量名 1，变量名 2，…;
```

具体应用如下：

```
//在定义结构体时直接定义两个结构体变量 stu1、stu2
struct
{
    long num;
    char name[20];
    char sex;
    int age;
    char addr[50];
}stu1,stu2;
```

说明：

① 第 3 种方式用结构体直接定义结构体变量，显然不能以此类型定义其他的变量，因此这种方式用得不多。

② 结构体与结构体变量是不同的概念，结构体变量只能进行赋值、存取或运算，结构体不能进行赋值、存取或运算。

③ 结构体的成员可以单独使用，其作用与地位相当于普通变量。

④ 结构体的成员可以是结构体，以学生基本情况表为例，如表 9-2 所示。

表 9-2　学生基本情况表 2

num	name	sex	birthday			addr
			year	month	day	
2022111	胡雷	M	2005	10	5	上饶

```
//定义结构体变量 stu
struct date
{
    int year;
    int month;
    int day;
};
struct stuinfo
{
    long num;
    char name[20];
    char sex;
    struct date birthday;
    char addr;
}stu;
```

9.1.3　结构体变量的初始化

在定义结构体变量之后，如果要使用结构体变量的值，就需要对结构体变量进行初始化（即赋初始值）。结构体变量的初始化过程，就是对结构体中各个成员进行初始化的过程，在为每个成员赋值的时候，需要将成员的值依次放在一对花括号中。

根据结构体变量的不同定义方式，结构体变量的初始化分为两种方式。

① 在定义完结构体后，定义结构体变量并进行初始化。

```
struct stuinfo
{
    long num;
    char name[20];
    char sex;
    int age;
    char addr[50];
};
 struct stuinfo stu1={2022001,”张维”,’M’,18,”南昌”};
```

② 在定义结构体和结构体变量时进行初始化。

```
struct stuinfo
{
    long num;
    char name[20];
    char sex;
    int age;
    char addr[50];
}stu1={2022001,”张维”,’M’,18,”南昌”};
```

说明：也可以不写结构体名，直接定义结构体变量，在直接定义结构体变量时进行初始化。

9.1.4　结构体变量的引用

定义并初始化结构体变量的目的，是使用结构体变量的成员。对结构体变量的引用，一般通过引用每个成员实现。

引用结构体变量的格式如下：

```
结构体变量名.成员名
```

其中，“.”是结构体的成员运算符，它在所有运算符中是优先级最高的。因此上述引用结构体变量的格式代码在程序中会被看作一个整体。

例如：

```
struct date
 {
     int year;
     int month;
     int day;
 };
struct stuinfo
 {
     long num;
     char name[20];
     char sex;
     struct date birthday;
     char addr;
}stu;
```

结构体变量 stu 的成员有如下几个：

```
stu.num，stu.name，stu.sex，stu.addr
```

要注意的是，如果成员本身又属于结构体，如 birthday，则要用若干个成员运算符逐级找到最低一级（基层）的成员，只能对最低一级的成员进行赋值、存取或运算。结构体变量 stu 的成员 birthday 的正确引用如下：

```
stu.birthday.year，stu.birthday.month，stu.birthday.day
```

说明：

① 只能分别对结构体变量的成员进行输入和输出。

输入（赋值）如下：

```
stu.num=2022111;
stu.name=”胡雷”;
stu.sex='M';
stu.birthday.year=2005;
stu.birthday.month=10;
stu.birthday.day=5;
stu.addr=”上饶”;
```

输出如下：

```
    printf(“%ld ,%s ,%c ,%d ,%d ,%d ,%s”,stu.num,stu.name,stu.sex,stu.birthday.year,stu.birthday.month,stu.birthday.day,stu.addr);
```

② 结构体变量的每个成员都可以像普通变量一样进行各种运算。

③ 可以引用成员的地址，也可以引用结构体变量的地址，示例如下：

```
    scanf("%ld",&stu.num);   /*输入 stu.num 的值*/
    printf("%d",&stu);   /*输出 stu 的首地址*/
```

④ 同类型的结构体变量可以整体赋值。

例如，对于前面例题中定义的“struct stuinfo stu1,stu2”，可使用“stu2=stu1;”，其作用是将结构体变量 stu1 的各成员值都赋给 stu2。

【例 9-1】建立一张学生信息表，包括学号、姓名、性别、年龄及“素质拓展”分数。要求从键盘上输入一个学生的信息，并显示出来。

【程序代码】

```
#include"stdio.h"
struct stuinfo /*定义学生信息结构体*/
{
    long num;
    char name[20];
    char sex;
    int age;
    float score;
};
void main()
{
    struct stuinfo stu; /*定义结构体变量stu*/
    printf("请输入学号: ");
    scanf("%ld",&stu.num);
    printf("请输入姓名: ");
    scanf("%s",&stu.name);
    printf("请输入性别: ");
    /*注意: 在前一个数据输入时, 留有一个回车换行符,
      因此%c前需加一个空格, 以防读取数据失败。 */
    scanf(" %c",&stu.sex);
    printf("请输入年龄: ");
    scanf("%d",&stu.age);
    printf("请输入“素质拓展”分数: ");
    scanf("%f",&stu.score);
    printf("学生的信息如下: \n");
    printf("学号: %ld\n",stu.num);
    printf("姓名: %s\n",stu.name);
    printf("性别: %c\n",stu.sex);
    printf("年龄: %d\n",stu.age);
    printf("素质拓展分数: %.2f\n",stu.score);
}
```

【运行结果】

```
请输入学号：2022002
请输入姓名：李佳佳
请输入性别：F
请输入年龄：17
请输入“素质拓展”分数：95.5
学生的信息如下：
学号：2022002
姓名：李佳佳
性别：F
年龄：17
素质拓展分数：95.50

--------------------------------
Process exited after 35.08 seconds with return value 20
请按任意键继续. . .
```

任务 9.2 结构体数组

一个结构体变量只能存储一组数据，如果需要定义多个同类型的结构体变量，可以使用结构体数组。

结构体数组与普通数组的不同之处在于，它的每一个数组元素存储的都是一个结构体类型的数据，每个数组元素都包括多个成员。

9.2.1 结构体数组的定义

结构体数组的定义与结构体变量的定义类似。

格式如下：

```
struct 结构体名
{
    数据类型 成员名1;
    数据类型 成员名2;
    …
};
struct 结构体名 数组名[数组元素个数];
```

或

```
struct 结构体名
{
    数据类型 成员名1;
    数据类型 成员名2;
    …
}数组名[数组元素个数];
```

例如：

```
//定义一个有10个数组元素的结构体数组
struct stuinfo
```

```
{
    long num;
    char name[20];
    char sex;
    int age;
    char addr[50];
}stu[10];
```

9.2.2 结构体数组的初始化

根据结构体变量的定义方式，可将结构体数组的初始化可分为以下两种方式。

① 在定义结构体后，定义结构体数组并初始化。

```
struct stuinfo
{
    long num;
    char name[20];
    char sex;
    int age;
    char addr[50];
};
struct stuinfo stu[2]={{2022001,"张维",'M',18,"南昌"},{2022002,"李佳佳",'F',
17,"九江"}};
```

可将结构体初始化写成如下格式：

```
struct stuinfo stu[ ]={{2022001,"张维",'M',18,"南昌"},{2022002,"李佳佳",'F',
17,"九江"}};
```

② 在定义结构体和结构体数组的同时进行初始化。

```
struct stuinfo
        {
            long num;
            char name[20];
            char sex;
            int age;
            char addr[50];
        }stu[2]={{2022001,"张维",'M',18,"南昌"},{2022002,"李佳佳",'F',17,
"九江"}};
```

经过初始化的呈现效果如表 9-3 所示。

表 9-3 经过初始化的呈现效果

	num	name	sex	age	addr
stu[0]	2022001	张维	M	18	南昌
stu[1]	2022002	李佳佳	F	17	九江

9.2.3 结构体数组元素的引用

在结构体数组中，每个数组元素都是一个结构体变量，因此，结构体数组元素的引用与结构体变量的引用类似。

语法格式如下：

```
结构体数组元素.[成员名]
```

例如，在上一个例子中有以下几个结构体数组元素：

stu[0].name：表示引用结构体数组第一个数组元素的 name 成员值。

stu[1].age：表示引用结构体数组第二个数组元素的 age 成员值。

【例 9-2】已知学生信息表包括学号、姓名及“素质拓展”分数。针对给定的常数 N（学生人数），输入数据并显示“素质拓展”分数最高的学生的信息。

【程序代码】

```
#include"stdio.h"
#define N 3      /*定义常数N的值为3*/
struct stuinfo /*定义学生信息结构体*/
{
    long num;           /*学号*/
    char name[20];      /*姓名*/
    float score;        /*“素质拓展”分数*/
};
void main()
{
    struct stuinfo stu[N];  /*定义结构体数组stu*/
    struct stuinfo max;     /*定义结构体变量max，存储分数最高的学生的信息*/
    int i;
    printf("请输入学生信息：\n");
    for(i=0;i<N;i++)
    {
        scanf("%d%s%f",&stu[i].num,&stu[i].name,&stu[i].score);
    }
    max=stu[0];  /*将第一个学生的信息赋给max*/
    for(i=0;i<N;i++)
    {
        if(stu[i].score>max.score)
        {
            max=stu[i];  /*如果有更高的分数，则将该学生的信息全部赋给max*/
        }
    }
    printf("“素质拓展”分数最高的学生：\n");
    printf("学号：%ld 姓名：%s“素质拓展”分：%.2f",max.num,max.name,max.score);
}
```

【运行结果】

```
请输入学生信息：
2022001 张维 88
2022002 李佳佳 95.5
2022111 胡雷 93
“素质拓展”分数最高的学生：
学号：2022002 姓名：李佳佳“素质拓展”分：95.50
--------------------------------
Process exited after 62.72 seconds with return value 44
请按任意键继续. . .
```

任务 9.3　结构体指针变量

我们学习过指针指向的是基本类型的数组。结构体也是一种数据类型，那么指针也可以指向结构体变量和结构体数组。

使用结构体指针变量引用结构体成员的步骤如下。

第一步：定义结构体。

第二步：定义结构体变量，并完成结构体变量的初始化。例如，“struct stuinfo stu={2022001,"张维",'M',18,"南昌"};”。

第三步：定义指向结构体的结构体指针变量，使用“&”把结构体变量的地址赋给结构体指针变量，使结构体指针指向结构体变量。例如，“struct stuinfo *p; p=&stu;”，或“struct stuinfo *p=&stu;”。

第四步：通过结构体指针变量引用结构体变量或者数组值。

当结构体指针变量指向结构体变量时，引用该结构体变量的成员有以下几种形式。

（1）使用普通变量名引用

结构：结构体变量名.成员名。例如，stu.name。

（2）使用指针变量名引用

- 结构：(*指针变量名).成员名。例如，(*p).name。
- 结构：指针变量名->成员名。例如，p–>name。

说明：

① 结构体中的成员运算符（.）的优先级比指针运算符（*）高，因此在使用结构体指针变量引用结构体变量的成员时，“(*指针变量名).成员名”中的圆括号不能省略。

② “–>”指向结构体中的成员运算符，等价于（*）形式，如使用 p–>name 等价于 (*p).name。

【例 9-3】已知学生信息表包括学号、姓名及“素质拓展”分数，使用结构体指针变量输出学生信息。

【程序代码】

```
#include"stdio.h"
struct stuinfo /*定义学生信息结构体*/
{
    long num;           /*学号*/
    char name[20];      /*姓名*/
    float score;        /*“素质拓展”分数*/
};
void main()
{
    struct stuinfo stu={2022001,"张维",88};  /*定义结构体变量并初始化*/
    struct stuinfo *p;   /*定义指向结构体的指针变量*/
    p=&stu;  /*把结构体变量stu的地址赋给指针变量p*/
    //使用第一种形式：结构体变量名.成员名
    printf("形式1：学号：%ld 姓名：%s“素质拓展”分数：%.2f\n",stu.num,stu.name,stu.score);
    //使用第二种形式：(*指针变量名).成员名
    printf("形式2：学号：%ld 姓名：%s“素质拓展”分数：%.2f\n",(*p).num,(*p).name,(*p).score)
    //使用第三种形式：指针变量名->成员名
    printf("形式3：学号：%ld 姓名：%s“素质拓展”分数：%.2f\n",p->num,p->name,p->score);
}
```

【运行结果】

```
形式1：学号：2022001 姓名：张维 “素质拓展分数”：88.00
形式2：学号：2022001 姓名：张维 “素质拓展分数”：88.00
形式3：学号：2022001 姓名：张维 “素质拓展分数”：88.00

--------------------------------
Process exited after 0.9786 seconds with return value 50
请按任意键继续. . .
```

任务 9.4　指向结构体数组的指针

指针可以指向数组元素为结构体类型的数组，实际是用指针变量指向结构体数组的首个数组元素，即将结构体数组的首个数组元素的地址赋给指针变量。

【例 9-4】已知学生信息表包括学号、姓名及“素质拓展”分数。编写程序，使用指向结构体数组的指针输出 3 个学生的信息。

【程序代码】

```c
#include"stdio.h"
struct stuinfo /*定义学生信息结构体*/
{
    long num;        /*学号*/
    char name[20];   /*姓名*/
    float score;     /*“素质拓展”分数*/
};
void main()
{
    struct stuinfo stu[3]={{2022001,"张维",88},{2022002,"李佳佳",95.5},{2022111,"胡雷",93}};
    struct stuinfo *p;
    printf("学号\t姓名\t分数\n");
    for(p=stu;p<stu+3;p++)
    {
        printf("%ld\t%s\t%.2f\n",p->num,p->name,p->score);
    }
}
```

【运行结果】

```
学号    姓名    分数
2022001 张维    88.00
2022002 李佳佳  95.50
2022111 胡雷    93.00

--------------------------------
Process exited after 0.9111 seconds with return value 6487572
请按任意键继续. . .
```

任务 9.5　共用体

在实际应用中，为了节省内存空间或为了用多种类型访问同一个数据，需要在同一个内存空间中存放不同类型的变量，这种允许多个不同的变量共享同一块内存空间的结构就是共用体。

9.5.1 共用体的定义

共用体和结构体都属于构造类型，这两种类型的定义十分相似。

共用体的定义格式如下：

```
union 共用体名
{
    数据类型 成员名 1;
    数据类型 成员名 2;
    …
};
```

具体应用如下：

```
union data
{
    int a;
    char b;
    float c;
};
```

上述代码定义了一个名为 data 的共用体。

说明：

① 在定义共用体时以关键字 union 开头（不能省略）。

② 在花括号（{ }）中的内容是共用体的成员，与结构体不同的是，共用体的各个成员是以同一个地址开始存储的，每一个时刻只可以存储一个成员，也就是说共用体实际占用的内存空间为占用内存空间最大的成员所占的内存空间。

9.5.2 共用体变量的定义

共用体变量和结构体变量的定义也很相似，可分为三种定义方式。

1. 先定义共用体，再定义共用体变量

前面已经定义了名为 data 的共用体，下面使用共用体定义变量 d1、d2。

```
union data d1,d2;
```

2. 在定义共用体的同时定义共用体变量

定义共用体变量的格式如下：

```
union 共用体名
{
    数据类型 成员名 1;
    数据类型 成员名 2;
    …
}变量名 1,变量名 2,…;
```

具体应用如下：

```
//在定义共用体 data 的同时定义了两个共用体变量 d1、d2
union data
{
    int a;
    char b;
    float c;
}d1,d2;
```

3. 直接定义共用体变量

格式为：

```
union
{
    数据类型 成员名 1;
    数据类型 成员名 2;
    …
}变量名 1,变量名 2,…;
```

具体应用如下：

```
//在定义共用体时直接定义两个共和体变量 d1,d2
union
{
    int a;
    char b;
    float c;
}d1,d2;
```

说明：在定义共用体变量后，系统会分配一块连续的存储单元存储数据，占用的内存空间为成员列表占用的最大内存空间。

9.5.3 共用体变量的初始化和引用

共用体变量单元使用同一块存储单元存储几种数据类型不同的成员，但每次只能存储其中的一个成员，即存储单元在某一时刻只能存储一个值。

初始化共用体变量有以下两种形式。

① 在定义共用体变量的同时进行初始化。

```
union data
{
    int a;
    char b;
    float c;
};
union data d={10};   /*在定义共用体变量时初始化*/
```

注意：在使用这种形式为共用体变量进行初始化时，只能为第一个成员赋初始值，尽管如此，花括号（{ }）也不能省略。

② 在定义共用体变量后，对某个成员进行初始化。

```
union data
{
    int a;
    char b;
    float c;
}d;      /*定义共用体变量*/
d.b='M';  /*初始化共用体变量的成员 b*/
```

【例 9-5】先定义包含三种数据类型的共用体，再定义共用体变量，然后进行初始化并输出所有成员的值，在为第三个成员赋值后，输出所有成员的值。

【程序代码】

```
#include"stdio.h"
union data
{
    int a;
    char b;
    float c;
}d;    /*定义共用体变量d*/
void main()
{
    union data d={10};  /*初始化共用体内的第一个成员*/
    printf("初始化后，引用第一个成员显示正确结果：\n");
    printf("第一个成员值为：%d\n",d.a);
    printf("引用其他成员显示：\n");
    printf("第二个成员值为：%c\n",d.b);
    printf("第三个成员值为：%f\n",d.c);
    d.c=12.8; /*为共用体内的第三个成员赋值*/
    printf("为第三个成员赋值后，引用第三个成员显示正确结果：\n");
    printf("第三个成员值为：%f\n",d.c);
    printf("引用其他成员显示：\n");
    printf("第一个成员值为：%d\n",d.a);
    printf("第二个成员值为：%c\n",d.b);

}
```

【运行结果】

```
初始化后，引用第一个成员显示正确结果：
第一个成员值为：10
引用其他成员显示：
第二个成员值为：

第三个成员值为：0.000000
为第三个成员赋值后，引用第三个成员显示正确结果：
第三个成员值为：12.800000
引用其他成员显示：
第一个成员值为：1095552205
第二个成员值为：?

--------------------------------
Process exited after 0.8981 seconds with return value 18
请按任意键继续. . .
```

任务 9.6　类型定义

C 语言提供了许多标准类型名，如 int、char、float 等，用户可以直接使用这些类型名定义所需要的变量。同时，C 语言还允许使用 typedef 定义新类型名，用于取代已有的类型名。

例如，“typedef float REAL;”，其作用是使 REAL 等价于类型名 float，以后就可以利用 REAL 定义变量了。即“REAL a;”等价于“float a;”。

说明：

① typedef 不能创造新的类型，只能为已有的类型增加一个类型名。

② typedef 只能用来定义类型名，不能用来定义变量。

③ 可以利用 typedef 简化结构体变量的定义。

具体应用如下：

```
struct stuinfo
{
   long num;
   char name[20];
   float score;
};
```

在定义结构体变量 stu1、stu2 时，应使用“struct stuinfo stu1,stu2;”。

可使用 typedef 将结构体定义为更简单的类型名。例如，“typedef struct stuinfo ST;”，以后可以使用 ST 定义对应结构体的结构体变量，即“ST stu1,stu2;”等价于“struct stuinfo stu1,stu2;”。

进　阶　篇

任务 9.7　综合案例

【例 9-6】某班级为选优秀班干部进行了投票，候选人有 3 人。每位同学只能选一个候选人，即投一次票。编写程序，通过输入候选人得票（输入数字 1 代表投票给 1 号候选人张亮亮，输入数字 2 代表投票给 2 号候选人王丽，输入数字 3 代表投票给 3 号候选人李伟）输出票选结果。

【程序代码】

```
#include"stdio.h"
//定义候选人的结构体和结构体数组，并初始化
struct candidate
{
    int num;         //序号
    char name[20];   //姓名
```

```
    int count;      //票数
}cands[3]={{1,"张亮亮",0},{2,"王丽",0},{3,"李伟",0}};
void main()
{
    int i,j,n;
    printf("投票开始，输入序号：（1.张亮亮，2.王丽，3.李伟）\n");
    for(i=0;i<30;i++)     //进行30次投票
    {
        scanf("%d",&n);  //输入投票号
        for(j=0;j<3;j++) //使用循环分别将3个候选人序号与投票号相比较
        {
            if(cands[j].num==n)
            {
                cands[j].count++;//如果投票号与候选人序号相同则票数加1
            }
        }
    }
    printf("票选结果为：\n");
    for(i=0;i<3;i++)
    {
        printf("%d\t%s\t%d票\n",cands[i].num,cands[i].name,cands[i].count);
    }
}
```

【运行结果】

```
投票开始，输入序号：（1.张亮亮，2.王丽，3.李伟）
2 1 2 3 1 2 2 3 1 2 3 2 1 1 2 3 3 2 2 3 1 1 2 2 1 2 3 2 2 1
票选结果为：
1       张亮亮  9票
2       王丽    14票
3       李伟    7票

--------------------------------
Process exited after 61.25 seconds with return value 11
请按任意键继续. . .
```

提　高　篇

任务 9.8　学生信息管理系统 8

【例 9-7】先定义结构体 studentInfo，再定义 edit 函数用于显示编辑选项的子选项，然后定义 input 函数用于输入学生信息，最后定义 display 函数用于显示学生信息，修改前文学生信息管理系统 5 的 inputName 函数，使其能给结构体变量的成员（即成绩）赋值，再修改 queryByName 函数使其能正确查询结构体变量的成员（即姓名）的值。

【程序代码】

```
#include <stdio.h>
#include <stdlib.h>
#include <string.h>
#include <process.h>
#include <ctype.h>
#define StuNum 10
typedef struct{
```

```
    char num[11];
    char name[21];
    int cLanguage;
    int math;
    int english;
    double average;
}studentInfo;
studentInfo stu[StuNum];
void showStuInfo(int n)
{
    printf("----------------------------------------------------------------------\n");        /*格式头*/
    printf("%-11s%-21s%-10s%-10s%-10s%-10s\n","学号","姓名","C语言","数学","英语","平均分");
    printf("----------------------------------------------------------------------\n");
    printf("%-11s%-21s%-10d%-10d%-10d%-10.2lf\n",stu[n].num,stu[n].name,stu[n].cLanguage,
        stu[n].math,stu[n].english,stu[n].average);
}
void inputNumber(int n)
{
    char num[50];
    printf("请输入学生学号\n");
    for(;;)
    {
        scanf("%s",num);
        getchar();
        if(strlen(num)==10)
        {
            strcpy(stu[n].num,num);
            break;
        }
        printf("学生学号长度为10个字符，请重新输入!\n");
    }
}
void inputName(int n,char message[])
{
    char name[50];
    printf("%s\n",message);
    for(;;)
    {
        scanf("%s",name);
        getchar();
        if(strlen(name)<=20)
        {
            strcpy(stu[n].name,name);
            break;
        }
        printf("学生姓名长度为1～20个字符，请重新输入!\n");
    }
}
void inputScore(char message[],int *score)
{
    printf("%s\n",message);
    for(;;)
    {
        scanf("%d",score);
        getchar();
        if(0<=*score&&*score<=100)
        {
            break;
        }
        printf("学生成绩为0～100分的整数，请重新输入!\n");
    }
}
int input(int n)/*输入若干条记录*/
{
    int i=0;
    char sign='\0';
```

```
    double average=0.0;
    while(sign!='n'&&sign!='N')
    {
        inputNumber(n+i);
        inputName(n+i,"请输入学生姓名:");
        inputScore("请输入学生的C语言成绩",&stu[n+i].cLanguage);
        inputScore("请输入学生的高数成绩",&stu[n+i].math);
        inputScore("请输入学生的英语成绩",&stu[n+i].english);
        average=(stu[n+i].cLanguage+stu[n+i].math+stu[n+i].english)/3.0;
        stu[n+i].average=average;
        printf("是否继续输入?(Y/N):\n");
        scanf("%c",&sign);
        getchar();
        i++;
    }
    return(n+i);
}
void queryByName(int n)/*按姓名查找并显示一条记录*/
{
    char inputName[50];
    int i=0;
    printf("请输入要查询的学生姓名:\n");
    scanf("%s",inputName);
    while(strcmp(stu[i].name,inputName)!=0&&i<n)
    {
        /*查找判断*/
        i++;
    }
    if(i!=n)
    {
        /*如果查询成功，将调用相关方法，显示学生的所有信息*/
        printf("查询成功!该学生的信息如下：\n");
        showStuInfo(n);
    }
    else
    {
        printf( "您要查找的学生不存在!\n"); /*输入失败信息*/
    }
    printf("他的姓名、学号是:%s%os\n",stu[i].name,stu[i].num); /*输出该学生信息*/
    printf("C语言      高数      英语      平均分是:%d,%d,%d,% d,%lfln",stu[i].cLanguage,
        stu[i].math,stu[i].english,stu[i].average);
}

void display(int n)/*显示所有记录*/
{
    int i ;
    for(i=0;i<n;i++)
    {
        showStuInfo(i);
    }
    printf("\n\n\n");
}
int edit()
{
    int i;
    printf("\t\t 1.录入\n");
    printf("\t\t 2.修改\n");
    printf("\t\t 3.删除\n");
    printf("\t\t按其他数字键退出\n");
    scanf(" %d",&i);
    return i;
}
int menu()/*菜单函数*/
{
    int option;
    for(;;)
```

```
    {
        printf("\t\t********************学生信息管理系统菜单********************\n");
        printf("\t\t    1.编辑\n");
        printf("\t\t    2.显示 \n");
        printf("\t\t    3.查询\n");
        printf("\t\t    4.排序\n");
        printf("\t\t    5.统计\n");
        printf("\t\t    6.文件\n");
        printf("\t\t    0.退出\n");
        printf("\t\t**********************************************************\n");
        printf("\t\t 请选择(0～6):");
        scanf("%d",&option);
        if(option>=0&&option<=6)
        {
        break;
        }
        printf("您输入的选项不存在，请重新输入!\n");
    }
    return option; /*返回*/
}
void main()/*主函数*/
{
    int n=0;
    int op=0;
    for(;;)
    {
        for(;;)
        {
            switch(menu())
            {
                case 1:
                    switch(edit())
                    {
                        case 1:
                            n=input(n);
                            display(n);
                            break;
                        case 2:
                            /*op=update(n);
                            if(op)
                            {
                                display(n);
                            }*/
                            break;
                        case 3:
                            /*n=deletes(n);
                            if(op)
                            {
                                display(n);
                            }*/
                            break;
                    }
                    break;
                case 2:
                    if(n)
                    {
                        display(n);
                    }
                    else
                    {
                        printf("当前无数据!\n");
                    }
                    break;
                case 3:
                    /*switch(query())
                    {
```

```
                case 1:
                    queryByName(n);
                    break;
                case 2:
                    queryByaverage(n);
                    break;
            }*/
            break;
        case 4:
            /*switch(order())
            {
                case 1:
                    orderByNum(n);
                    display(n);
                    break ;
            }*/
            break;
        case 5:
            /*count(n);*/
            break;
        case 6:
            /*switch(file())
            {
                case 1:
                    n=readFile(n);
                    break;
                case 2:
                    writeFile(n);
                    break;
            }*/
            break;
        case 0:
            printf("欢迎您使用本系统，再见!\n");
            exit(0);        /*结束程序*/
        }
      }
    }
}
```

【运行结果】

```
                    ********************学生信息管理系统菜单********************
                        1. 编辑
                        2. 显示
                        3. 查询
                        4. 排序
                        5. 统计
                        6. 文件
                        0. 退出
                    ************************************************************
                     请选择(0～6):1
                     1. 录入
                     2. 修改
                     3. 删除
                    按其他数字键退出
1
请输入学生学号
0000000001
请输入学生姓名:
liudehua
请输入学生的C语言成绩
60
请输入学生的高数成绩
70
请输入学生的大学英语成绩
80
是否继续输入?(Y/N):
y
请输入学生学号
0000000002
请输入学生姓名:
lixinghua
请输入学生的C语言成绩
```

```
                    ********************学生信息管理系统菜单********************
                         1.编辑
                         2.显示
                         3.查询
                         4.排序
                         5.统计
                         6.文件
                         0.退出
                    ************************************************************
                     请选择(0~6):1
                     1.录入
                     2.修改
                     3.删除
                    按其他数字键退出
1
请输入学生学号
0000000001
请输入学生姓名:
liudehua
请输入学生的C语言成绩
60
请输入学生的高数成绩
70
请输入学生的大学英语成绩
80
是否继续输入?(Y/N):
y
请输入学生学号
0000000002
请输入学生姓名:
lixinghua
请输入学生的C语言成绩
75
请输入学生的高数成绩
85
请输入学生的大学英语成绩
95
是否继续输入?(Y/N):
n
------------------------------------------------------------------------
学号        姓名                  C语言     数学     英语     平均成绩
------------------------------------------------------------------------
0000000001 liudehua               60        70       80       70.00
------------------------------------------------------------------------
学号        姓名                  C语言     数学     英语     平均成绩
------------------------------------------------------------------------
0000000002 lixinghua              75        85       95       85.00


                    ********************学生信息管理系统菜单********************
                         1.编辑
                         2.显示
                         3.查询
                         4.排序
                         5.统计
                         6.文件
                         0.退出
                    ************************************************************
                     请选择(0~6):2
------------------------------------------------------------------------
学号        姓名                  C语言     数学     英语     平均成绩
------------------------------------------------------------------------
0000000001 liudehua               60        70       80       70.00
------------------------------------------------------------------------
学号        姓名                  C语言     数学     英语     平均成绩
------------------------------------------------------------------------
0000000002 lixinghua              75        85       95       85.00


                    ********************学生信息管理系统菜单********************
                         1.编辑
                         2.显示
                         3.查询
                         4.排序
                         5.统计
                         6.文件
                         0.退出
                    ************************************************************
                     请选择(0~6):0
欢迎您使用本系统，再见!
请按任意键继续. . .
```

思考练习

一、单选题

1. 在 C 语言中，系统为一个结构体变量分配的内存是（　　）。

A. 各成员所需的内存的总和

B. 结构体中第一个成员所需的内存

C. 占内存最大的成员所需的内存

D. 结构体中最后一个成员所需的内存

2. 下面程序的输出结果是（　　）。

```
struct s
{ int a,b,c;};
void main( )
{
struct s s[2]={{1,2,3},{4,5,6}};
int t;
t=s[0].a+s[1].b;
```

```
printf(“%d\n”,t);
}
```

A．5　　B．6　　C．7　　D．8

3．下列程序输出结果是（　　）。

```
struct
{ int x; int y;
}a[2]={{1,3},{2,7}};
void main() { printf(“%d\n”,a[0].y/a[0].x*a[1].x); }
```

A．1　　B．3　　C．6　　D．0

4．若有以下程序：

```
struct  student
{ int num;
 char name[ ];
 float score;
}stu;
```

则下面的叙述不正确的是（　　）。

A．struct 是结构体类型的关键字

B．struct student 是用户定义的结构体

C．num、score 都是结构体的成员名

D．stu 是用户定义的结构体类型名

5．定义以下结构体数组：

```
struct c
{ int x; int y;
}s[2]={1,3,2,7};
```

则语句“printf("%d",s[0].x*s[1].x);”的输出结果是（　　）。

A．14　　B．2　　C．6　　D．21

6．下面程序的运行结果是（　　）。

```
struct KeyWord
{ char key[20]; int id;
}k[]={“void”,1,”char”,2,”int”,3,”float”,4,”double”,5};
void main()
{printf(“%c,%d\n”,k[3].key[0],k[3].id);}
```

A．i,3　　B．f,4　　C．c,2　　D．d,5

7．定义以下结构体：

```
struct student
{ int num;
  char name[40];
float score;
}stu1;
```

则 stu1 占用的内存是（　　）字节。

A．44　　B．48　　C．56　　D．88

8．能根据下面的定义输出“Mary”的语句是（　　）。

```
struct person
```

```
{ char name[10]; int age;
};
struct person class[ ]={“John”,17,”Paul”,19,”Mary”,18,”Adam”,16};
```

A．printf("%s"\n,class[0].name);

B．printf("%s"\n,class[1].name);

C．printf("%s"\n,class[2].name);

D．printf("%s"\n,class[3].name);

9．设有结构体变量的定义语句如下：

```
struct Student
{
 int age; int num;
}stu={20,30}, *p=&stu;
```

以下能够正确引用结构体变量 stu 的成员 age 的表达式是（　　）。

A．stu->age　　B．*stu->age　　C．*p.age　　D．(*p).age

10．定义以下共用体：

```
union s
{
  int a;
char b;
float c;
};
```

则语句“printf("%d",sizeof(union s));”的输出结果为（　　）。

A．1　　B．2　　C．3　　D．4

二、填空题

1．设有如下定义语句：

```
struct stuinfo
{
  int num;
  char name[40];
  char sex[4];
  int age;
};
 struct stuinfo a;
```

则变量 a 在内存中所占的字节数为________________。

2．设有以下定义语句：

```
struct
{
int day;
int month;
int year;
}a,*b;  b=&a;
```

则可用 a.day 引用结构体成员 day，请写出引用结构体成员的其他两种形式。

形式 1________________；形式 2________________。

3．定义结构体的关键字是____________________。

4．下列程序用于输出结构体变量 s 在内存中占的字节数，请补全下列程序。

```
struct stuinfo
{
  int num;
  char name[40];
  char sex[4];
  int age;
} s;
void main()
{
  printf(“%d”,sizeof(______________));
}
```

5．定义共用体的关键字是__________________ 。

项目十　文件及其应用

学习目标

- 了解文件的基础知识
- 掌握文件打开和关闭操作
- 掌握文件的顺序读写操作
- 掌握文件的随机读写操作

技能目标

- 学会文件的打开和关闭操作
- 学会文件的顺序读写操作
- 学会文件的随机读写操作

素质目标

- 理解团队协作的重要性
- 理解沟通能力是个人生存与发展的必备技能

我们已经接触了很多的文件及其应用，如手机 APP 里面的短视频都是通过文件的形式上传到服务器的；打印个人简历时，需要先把制作好的个人简历通过文件的形式保存在 U 盘里面，再去打印店打印。如果要在程序中使用文件，就应先了解文件的基本知识。

基　础　篇

任务 10.1　文件的基本知识

10.1.1　什么是文件

有不同类型的文件，在程序设计中主要用到两种文件。

（1）程序文件

程序文件包括源程序文件（后缀为.c）、目标文件（后缀为.obj）、可执行文件（后缀为.exe）等。程序文件的内容是程序代码。

（2）数据文件

数据文件的内容不是程序代码，而是供程序读写的数据，如在程序运行过程中输出到磁盘（或其他外部设备）的数据，或在程序运行过程中可供读入的数据。具体体现为一个年级的学生的成绩、货物的交易数据等。

在各项目中进行数据处理有关的输入和输出操作时，都是以终端为对象的，即从终端的键盘输入数据，将运行结果输出到终端的显示器上。实际上，常常需要将一些数据（运行的结果或中间数据）输出到磁盘上保存，在以后需要时再从磁盘中输入计算机内存，这就要用到磁盘文件。

为了简化用户操作输入/输出设备的复杂度，使用户不必区分各种输入/输出设备的区别，操作系统把各种设备都统一作为文件处理。从操作系统的角度看，每一个与主机相连的输入/输出设备都被看作一个文件。例如，终端的键盘是输入文件，终端的显示屏和打印机是输出文件。

文件（File）是程序设计中的一个重要概念。文件一般指存储在外部介质上的数据集合。数据常以文件的形式存储在外部介质（如磁盘）上。操作系统以文件为单位对数据进行管理，也就是说，如果想找存储在外部介质上的数据，就必须先按文件名找到指定的文件，然后再从该文件中读取数据。要在外部介质上存储数据必须先建立一个文件（以文件名作为标志），才能输出数据。

输入/输出是数据传送的过程，数据如流水一样从一处流向另一处，因此常将输入/输出形象地称为流（Stream），即数据流。流用于表示信息从源端到目的端流动。在输入数据时，数据从文件流向计算机内存，在输出数据时，数据从计算机内存流向文件（如磁盘文件）。文件由操作系统进行统一管理。流是一个传输通道，数据可以从运行环境（设备）流入程序，或从程序流至运行环境。

C 语言把文件看作字符（或字节）的序列，即由若干字符（或字节）按顺序组成的序列。一个输入/输出流就是一个字符流或字节流（内容为二进制数据）。

数据文件由一连串的字符（或字节）组成，不考虑行的界限，两行数据间不会自动加分隔符，对文件的存取是以字符（或字节）为单位的。输入/输出的数据流的开始和结束仅受程序控制，而不受物理符号（如换行符）控制，这就增加了处理的灵活性。这种文件被称为流式文件。

10.1.2 文件名

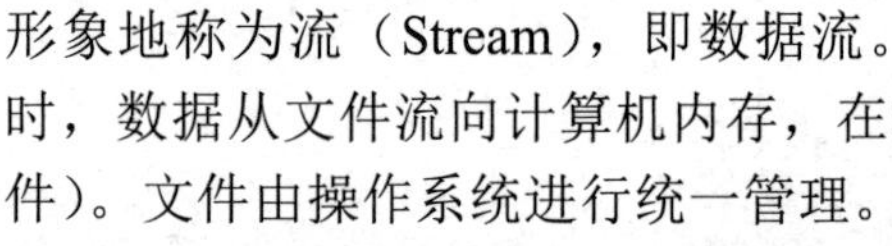

一个文件要有一个唯一的文件标识，以便用户识别和引用。文件标识包括 3 部分：文件路径、文件名主干、文件后缀，如图 10-1 所示，文件路径表示文件在外部存储设备中的位置。图 10-1 中的文件路径表示 file1.dat 文件存储在 C 盘中的 Users 目录下的 GZY 子目录下的 Downloads 子目录下。为方便，文件标识常被称为文件名，但应了解此时的文件名实际上包括了以上 3 部分内容，而不仅是文件名主干。文件名主干的命名规则应遵循标识符的命名规则。文件后缀用来表示文件的性质，如 docx（Word 文件）、txt（文本文件）、dat（数据文件）、c（C 语言源程序文件）、cpp（C++语言源程序文件）、java

C:\Users\GZY\Downloads\file1.dat

文件路径　文件名主干　文件后缀

图 10-1　文件标识

（JAVA 语言源程序文件）、py（Python 语言源程序文件）、obj（目标文件）、exe（可执行文件）、pptx（幻灯片文件）、bmp（图形文件）等。

10.1.3　文件的分类

根据数据的组织形式，数据文件分为 ASCII 文件和二进制文件。数据在内存中是以二进制形式存储的，如果数据不加转换就输出到外部内存，就会得到二进制文件，可以认为二进制文件就是存储在内存中的数据的映像，所以也称映像文件（Image File）。如果要求在外部内存上以 ASCII 文件存储数据，则需要在存储数据前进行转换。ASCII 文件又称文本文件（Text File），每字节存放一个字符的 ASCII 码。

一个数据怎样在磁盘上存储呢？字符串型数据一律以 ASCII 码形式存储，数值型数据既可以以 ASCII 码形式存储，也可以以二进制形式存储。例如存储整数，如果以 ASCII 码形式输出到磁盘上，则在磁盘中占 5 字节（每个字符占 1 字节），如果以二进制形式输出，则只在磁盘上占 4 字节。

以 ASCII 码形式输出时，字节与字符一一对应，1 字节代表 1 个字符，因而便于对字符进行逐个处理，也便于输出字符，但一般占存储单元较大，而且花费的转换时间较长（进行二进制形式与 ASCII 码形式的转换）。以二进制形式输出数据，可以节省存储单元和转换时间，把内存中的存储单元中的内容原封不动地输出到磁盘上（或其他外部介质），此时每字节并不一定代表 1 个字符。如果在程序运行过程中，有的数据需要保存在外部介质上，以便在需要时再输入到内存中，一般用二进制文件比较方便。在事务管理中，常有大批数据存储在磁盘上，以便随时调入计算机进行查询或处理，把修改过的信息再存回磁盘上也常用二进制文件。

10.1.4　文件缓冲区

ANSI C 标准采用缓冲文件系统处理文件，所谓缓冲文件系统是指系统自动在内存中为程序中每一个正在使用的文件开辟一个文件缓冲区。从内存向磁盘输出数据必须先送到内存中的文件缓冲区，在装满文件缓冲区后再送到磁盘。如果从磁盘向计算机输入数据，则先一次性从磁盘将一批数据输入到内存的输入文件缓冲区（充满输入文件缓冲区），然后从输入文件缓冲区将数据逐个送到程序数据区（给程序变量），如图 10-2 所示。这样做可节省存取时间，提高效率，文件缓冲区的大小由具体的编译系统确定。

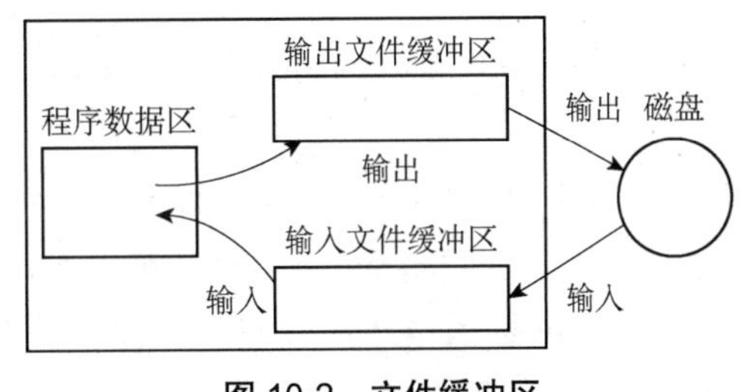

图 10-2　文件缓冲区

说明：每个文件在内存中只有一个缓冲区，在向文件输出数据时，它就作为输出文件缓冲区；在从文件输入数据时，它就作为输入文件缓冲区。

10.1.5 文件类型指针

在缓冲文件系统中，有一个关键的概念是文件类型指针，简称文件指针。每个被使用的文件都在内存中开辟了一个相应的文件信息区，用来存储文件的有关信息（如文件名、文件状态及文件位置等），这些信息被保存在一个结构体变量中，该结构体变量由系统声明，取名为“FILE”。

可以在程序中直接用 FILE 类型名定义 FILE 类型变量。每一个 FILE 类型变量对应一个文件信息区，可在其中存放该文件的有关信息。例如，可以定义以下的 FILE 类型变量：

```
FILE fileScore;
```

上面定义了一个结构体变量 fileScore，用来存储文件的有关信息，这些信息是在打开一个文件时由系统根据文件的情况自动输入的。在读写文件时需要用到这些信息，有时也需要修改某些信息。例如，在读取一个字符后，文件信息区中的位置标记指针的指向会改变。

一般不定义 FILE 类型变量，而是设置一个指向 FILE 类型变量的指针变量，通过它引用 FILE 类型变量，这样比较方便。

下面定义一个指向 FILE 型变量的指针变量：

```
FILE *filePointer;
```

filePointer 是一个指向 FILE 类型变量的指针变量，filePointer 可指向某一个文件的文件信息区（一个结构体变量），通过该文件信息区中的信息能访问该文件。也就是说，通过文件的指针变量能够找到与它关联的文件。如果有 n 个文件，应设 n 个指针变量，分别指向 n 个 FILE 类型变量，以实现对 n 个文件的访问。

为方便起见，通常将这种指向文件信息区的指针变量简称为指向文件的指针变量。

注意：指向文件的指针变量并不是指向外部介质上的数据文件的起始位置，而是指向内存中的文件信息区的起始位置。

任务 10.2 打开与关闭文件

在编写程序的过程中，会在打开文件的同时指定一个指针变量指向该文件，也就是建立指针变量与文件的联系，这样就可以通过指针变量对文件进行读写操作。所谓“关闭”是指撤销文件信息区和文件缓冲区，使文件的指针变量不再指向该文件，无法进行文件的读写操作。

10.2.1 用 fopen 函数打开数据文件

fopen 函数的调用方式如下：

```
fopen(文件名,使用文件方式);
```

例如，“fopen("score","r");”表示打开名为 score 的文件，使用文件方式为只读（r 代表 read，即只读）。fopen 函数的返回值是指向 score 文件的指针（即 score 文件信息区的起始地址）。通常将 fopen 函数的返回值赋给一个指向文件的指针变量，如：

```
FILE* filePointer;                        //定义一个指向文件的指针变量 filePointer
filePointer=fopen("score ","r"); //将 fopen 函数的返回值赋给指针变量 filePointer
```

经过上述操作，filePointer 就和 score 文件关联了，或者说 filePointer 指向了 score 文件。可以看出，在打开一个文件时，会告知编译系统以下三个信息：需要打开的文件的名字，也就是准备访问的文件的名字；使用文件的方式（读、写等）；让哪一个指针变量指向被打开的文件。

使用文件的方式如表 10-1 所示。

表 10-1 使用文件的方式

文件的使用方式	含义	如果指定的文件不存在
“r”（只读）	为输入数据打开一个文本文件	出错
“w”（只写）	为输出数据打开一个文本文件	建立新文件
“a”（追加）	向文本文件尾部添加数据	出错
“rb”（只读）	为输入数据打开一个二进制文件	出错
“wb”（只写）	为输出数据打开一个二进制文件	建立新文件
“ab”（追加）	向二进制文件尾部添加数据	出错
“r+”（读写）	为进行读写打开一个文本文件	出错
“w+”（读写）	为进行读写建立一个新的文本文件	建立新文件
“a+”（读写）	为进行读写打开一个文本文件	出错
“rb+”（读写）	为进行读写打开一个二进制文件	出错
“wb+”（读写）	为进行读写建立一个新的二进制文件	建立新文件
“ab+”（读写）	为进行读写打开一个二进制文件	出错

说明：

① 用 r 方式打开的文件只能用于向计算机输入数据，而不能向该文件输出数据，而且该文件必须已经存在，并存有数据，这样程序才能从文件中读数据。要注意的是，不能用 r 方式打开一个不存在的文件，否则会出错。

② 用 w 方式打开的文件只能用于向该文件写数据（即输出数据），而不能用来向计算机输入数据。如果该文件不存在，则在打开文件前新建一个以指定名字命名的文件。如果已存在一个以该文件名命名的文件，则在打开文件前先将该文件删除，然后新建一个文件。

③ 如果希望向文件末尾添加新的数据（不希望删除原有数据），则应该用 a 方式打开。但此时应保证该文件已存在，否则将得到出错的信息。在打开文件时，文件的读写位置标记将移到文件末尾。

④ 用 r+、w+、a+方式打开的文件既可用来输入数据，也可用来输出数据。用 r+方式时，该文件必须已经存在，以便从中读数据。用 w+方式则要新建一个文件，先向此文件写数据，然后才可以读此文件中的数据。用 a+方式打开文件时，原来的文件不会被删除，文件的读写位置标记将会移到文件末尾，既可以添加数据，也可以读数据。

⑤ 如果不能实现打开操作，fopen 函数将会返回一个出错信息。出错的原因可能是用 r 方式打开一个不存在的文件，或磁盘故障，或因磁盘已满而无法建立新文件等。此时 fopen 函数将返回一个空指针值（NULL）。

常用以下程序打开文件：

```
    if((fp=fopen("D:\\gzy","rb")==NULL)
    {   printf("\nerror on open D:\\gzy file!");
        exit(0);
  }
```

即先检查打开文件的操作是否有错，如果有错就在终端输出“error on open D:\\gzy file!”。fopen 函数的作用是关闭所有文件，并终止正在执行的程序，待用户检查出错误并完成修改后再重新运行。

⑥ 在表 10-1 中有 12 种文件使用方式，其中有 6 种在第一个字母后面加了字母 b（如 rb、wb、ab、rb+、wb+、ab+），b 表示二进制方式。加字母 b 和不加字母 b 只有一个区别，即对换行的处理。在 C 语言用\n 即可实现换行，而在 Windows 操作系统中为实现换行必须用回车符和换行符两个字符，即\r 和\n。因此，如果使用的是文本文件，并且用 w 方式打开文件，那么在向文件输出数据并遇到换行符（\n）时，就自动转换为\r 和\n 两个字符，否则在 Windows 操作系统中查看文件时，各行连成一片，无法阅读。同样，如果用 r 方式打开文本文件，从文件读入时遇到\r 和\n 两个连续的字符，就把它们转换为\n 。如果使用的是二进制文件，则在读写文件时不需要转换。加字母 b 表示使用的是二进制文件，不需要进行转换。

⑦ 用 wb 方式，并不意味在文件输出时把内存中按 ASCII 码形式保存的数据自动转换成二进制形式的数据。输入/输出的数据形式是由读写语句决定的。例如，fscanf 函数和 fprintf 函数是按 ASCII 码方式进行输入/输出的，而 fread 函数和 fwrite 函数是按二进制形式进行输入/输出的。

在打开一个输出文件时，可根据需要采用 w 方式或 wb 方式，如果需要对回车符进行转换，就用 w 方式；如果不需要转换，就用 wb 方式。字母 b 的作用是通知编译系统不必进行回车符的转换。如果是文本文件，显然要用 w 方式。如果使用二进制形式保存一批数据，数据不供人阅读，只是为了保存，就不必进行上述转换，可以用 wb 方式。一般情况下，带字母 b 的方式常称二进制方式，不带字母 b 的方式常称文本方式。从理论上说，文本文件也可以用 wb 方式打开，但无必要。

⑧ 在程序中可以使用三个标准流——标准输入流、标准输出流和标准出错输出流。系统已对这三个标准流指定了与终端的对应关系。标准输入流从终端输入，标准输出流向终端输出，标准出错输出流是当程序出错时将出错信息发送到终端的流。

在程序开始运行时，系统自动打开这三个标准流，因此程序编写者不需要在程序中用 fopen 函数打开它们。系统定义了三个指针变量 stdin、stdout 和 stderr，分别指向标准输入流、标准输出流和标准出错输出流，可以通过这三个指针变量对以上三个标准流进行操作，它们都是将终端作为输入/输出对象。例如，程序指定从 stdin 所指的文件中输入数据，就是从终端的键盘输入数据。

10.2.2　用 fclose 函数关闭文件

在文件使用完后应该关闭，以防止误用。关闭就是撤销文件信息区和文件缓冲区，使文件指针变量不再指向该文件，也就是使文件指针变量与文件“脱钩”，不能再通过文件指针变量对与其关联的文件进行读写操作，除非再次打开文件，使该文件指针变量重新指向该文件。

关闭文件要用 fclose 函数，调用 fclose 函数的一般形式如下：

```
fclose(文件指针);
```

例如，“fclose(filePointer);”。

前面把打开文件（用 fopen 函数）后返回的指针赋给了 filePointer，现在把 filePointer 指向的文件关闭，此后 filePointer 不再指向该文件。

如果不关闭文件就结束程序会丢失数据，因为在向文件写入数据时，是先将数据输出到文件缓冲区，待文件缓冲区满后才正式输出到文件中。如果数据未充满文件缓冲区就结束程序，有可能使文件缓冲区的数据丢失。在用 fclose 函数关闭文件时，先把文件缓冲区的数据输出到磁盘上，然后撤销文件信息区。有的编译系统会在程序结束前自动将文件缓冲区的数据写到文件中，从而避免这个问题，但还是应当养成在程序终止前关闭所有文件的习惯。

如果成功执行了关闭操作，fclose 函数的返回值为 0，否则返回 EOF（即−1）。

任务 10.3　顺序读写文件

文件打开之后，就可以对文件进行读写了。在完成顺序写文件时，先写入的数据存储在文件的前面位置，后写入的数据存储在文件的后面位置。在完成顺序读文件时，先读文件的前面数据，后读文件的后面数据。也就是说，读写数据的顺序和数据在文件中的物理顺序是一致的。

10.3.1　向文件读写字符

向文件读写字符的函数见表 10-2。

表 10-2　读写字符的函数

函数名	调用形式	功能	返回值
fgetc	fgetc(fp)	从 fp 指向的文件中读一个字符	若读成功，则返回所读的字符；若读失败，则返回文件结束标志 EOF（即−1）
fputc	fputc(ch,fp)	把字符 ch 写到 fp 指向的文件中	若写成功，返回值就是所写的字符；若写失败，则返回文件结束标志，EOF（即−1）

【例 10-1】输入一行字符，要求将其保存在指定的文件中。

【解题思路】

先用 getchar 函数从键盘逐个输入字符，然后用 fputc 函数写到磁盘文件中。

【程序代码】

```
#include <stdlib.h>
#include <stdio.h>
void save(FILE *fp)
{
    char ch;
    printf("请输入一行要保存的内容：\n");
    while((ch=getchar())!='\n')              // 当按下回车键时结束循环
    {
        fputc(ch,fp);                        // 向磁盘文件写入一个字符
    }
    printf("字符串保存成功!\n");
}
void main()
{
    FILE *fp;
    char ch,filename[80];
    printf("请输入所用的文件名：\n");
    scanf("%s",filename);
    ch=getchar( );                           // 接收在执行scanf语句时最后输入的回车符
    if((fp=fopen(filename,"w"))==NULL)       // 打开文件并使fp指向此文件
    {
       printf("无法打开此文件\n");            // 如果打开文件出错，就输出"无法打开此文件"的信息
       exit(0);                              // 终止程序*/
    }
    save(fp);                                // 传递指针，实现保存功能
    fclose(fp);                              // 关闭文件
}
```

【运行结果】

```
请输入所用的文件名：
save.txt
请输入一行要保存的内容：
I love you China!
字符串保存成功!

--------------------------------
Process exited after 21.35 seconds with return value 0
请按任意键继续. . .
```

【程序分析】

用来存储数据的文件的文件名可以在 fopen 函数中直接写成字符串常量形式（如 save.txt），也可以在程序运行时由用户临时指定。上述程序是由键盘输入文件名，为此建立了一个字符数组 filename 存储文件名。在运行程序时，从键盘输入文件名 save.txt，操作系统就新建一个磁盘文件 save.txt 来接收程序输出的数据。

用 fopen 函数打开一个只写的文件（字母 w 表示只能写入数据），如果打开文件成功，函数的返回值是该文件建立的文件信息区的起始地址，把它赋给指针变量 fp（fp 已定义为指向文件的指针变量）。如果不能成功打开文件，则在显示器上显示“无法打开此文件”，用 exit 函数终止程序运行。exit 是 C 语言标准函数，作用是使程序终止，在使用此函数前应在程序的开头包含 stdlib.h 头文件。

执行过程如下：先从键盘读入一个字符，检查它是否为\n，如果是，则表示输入已结束，不执行循环体；如果不是，则执行一次循环体，将该字符输出到磁盘文件 save.txt 中，接着从键盘读入一个字符，如此反复，直到读入\n 为止。这时程序已将“I love you China!”

写到以 save.txt 命名的磁盘文件中。

【例 10-2】将一个磁盘文件的内容复制到另一个磁盘文件中，要求将上例的 save.txt 磁盘文件中的内容复制到 copy.txt 文件中。

【解题思路】

处理此例的办法是先从 save.txt 磁盘文件中逐个读入字符，然后逐个字体输出到 copy.txt 文件中。

【程序代码】

```
#include <stdlib.h>
#include <stdio.h>
void copy(FILE *source,FILE *copys)
{
    char ch=' ';
    printf("文件内容是：\n");
    ch=fgetc(source);                      //从输入文件读入一个字符，放在变量ch中
    while(!feof(source))                   // 如果未遇到输入文件的结束标志
    {
        fputc(ch,copys);                   // 将ch写到输出文件中
        putchar(ch);                       // 将ch显示出来
        ch=fgetc(source);                  // 从输入文件读入一个字符，放在变量ch中
    }
    printf("\n文件复制成功!\n");
}
void main()
{
    FILE *source,*copys;
    char ch=' ',sourceFile[80],copyFile[80];  // 定义两个字符数组，分别存放两个文件名
    printf("输入读入文件的名字:\n");
    scanf("%s",sourceFile);                   // 输入一个输入文件的名字
    printf("输入输出文件的名字:\n");
    scanf("%s",copyFile);                     // 输入一个输出文件的名字
    if((source=fopen(sourceFile,"r"))==NULL)  // 打开输入文件
    {
        printf("无法打开此文件\n");
        exit(0);
    }
    if((copys=fopen(copyFile,"w"))==NULL)     // 打开输出文件
    {
        printf("无法打开此文件\n");
        exit(0);
    }
    copy(source,copys);
    fclose(source);                          // 关闭输入文件
    fclose(copys);                           // 关闭输出文件
}
```

【运行结果】

```
输入读入文件的名字:
save.txt
输入输出文件的名字:
copy.txt
文件内容是:
I love you China!
文件复制成功!
```

【程序分析】

访问磁盘文件是逐字节（或逐字符）进行的，为了知道当前访问到第几字节，系统用文

件读写位置标记来表示当前访问的位置。在开始时文件读写位置标记指向第 1 字节，每访问完 1 字节，当前读写位置就指向下一字节，即当前读写位置自动后移。

为了知道文件的读写是否已完成，只需看文件读写位置标记是否移到文件的末尾。程序第 8 行中的 feof(source)用来判断 source 指向的文件是否结束。显然在开始时没有读到文件的末尾，故 feof(source)为假，!feof(source)为真，因此要执行 while 循环体。

在文件的所有有效字符后有一个文件尾标志。在读完全部字符后，文件读写位置标记就指向最后一个字符的后面，即指向了文件尾标志。如果再执行读取操作，则会返回−1。文件尾标志用标识符 EOF（End Of File）表示，EOF 在 stdio.h 头文件中被定义为−1。用 feof 函数可以检测文件尾标志是否已被读取，如果文件尾标志已被读取，则表示文件已结束，此时 feof 函数值为真（以 1 表示），否则 feof 函数值为假（以 0 表示）。不要把 feof 函数值的真（1）和假（0）与文件尾标志的假设值（−1）混淆。前者为函数值，后者为文件尾标志的假设值。

10.3.2 向文件读写一个字符串

既然可以直接输入/输出一行字符，那么能否向文件一次性读写一个字符串呢？

C 语言允许函数 fgets 和 fputs 一次性读写一个字符串，例如：

```
fgets(str,n,fp);
```

上述代码的作用是先从 fp 指向的文件中读一个长度为 n−1 的字符串，并在最后加\0，然后把这 n 个字符存储到字符数组 str 中。

读写一个字符串的函数见表 10-3。

表 10-3 读写一个字符串的函数

函数名	调用形式	功能	返回值
fgets	fgets(str,n,fp)	从 fp 指向的文件中读一个长度为 n−1 的字符串，存储到字符数组 str 中	若读成功，则返回地址 str；若读失败，则返回 NULL
fputs	fputs(str,fp)	把 str 指向的字符串写到 fp 指向的文件中	若写成功，则返回 0，否则返回非零值

【例 10-3】从键盘输入五个商品的名称，先将它们按字母顺序排列，然后把排序后的商品名称保存到磁盘文件中。

【解题思路】

实现整个功能分为三个步骤。

① 从键盘输入 n 个字符串，并存放在一个二维字符数组中。

② 将二维字符数组中的 n 个字符串按字母顺序排列，排序后的字符串仍存储在字符数组中。

③ 使用 fputs 函数将二维字符数组中的字符串写入磁盘文件中。

【程序代码】

```
#include <stdio.h>
#include <stdlib.h>
#include <string.h>
#define N 5
void init(char name[N][80])                              // 输入商品名称
{
    int i;
    for(i=0;i<N;i++)
    {
        printf("请输入第%d个商品名称：\n",i+1);
        gets(name[i]);
    }
}
void sort(char name[N][80])
{
    char temp[80];
    int i,j,k;
    for(i=0;i<N-1;i++)                                   // 用选择法对字符串排序
     {k=i;
      for(j=i+1;j<N;j++)
         if(strcmp(name[k],name[j])>0) k=j;
      if(k!=i)
         {strcpy(temp,name[i]);
          strcpy(name[i],name[k]);
          strcpy(name[k],temp);
         }
      }
}
void save(char name[N][80],FILE *fp)
{
    int i;
    printf("商品排序结果为：\n");
    for(i=0;i<N;i++)
    {
        fputs(name[i],fp);                               // 向磁盘文件写一个字符串
        fputs("\n",fp);                                  // 然后输出一个换行符
        printf("%s\n",name[i]);                          // 在屏幕上显示字符串
    }
    printf("排序结果保存成功!\n");
}
void main()
{
    FILE *fp;
    char goodsName[N][80];
    init(goodsName);
    sort(goodsName);
    if((fp=fopen("D:\\Goods\\goods.txt","w"))==NULL)      // 打开磁盘文件
    {
        printf("无法打开文件!\n");
        exit(0);
    }
    save(goodsName,fp);
    fclose(fp);
}
```

【运行结果】

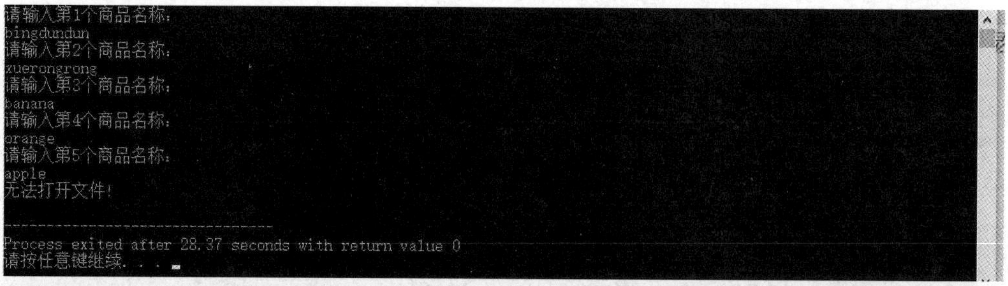

```
请输入第1个商品名称:
bingdundun
请输入第2个商品名称:
xuerongrong
请输入第3个商品名称:
banana
请输入第4个商品名称:
orange
请输入第5个商品名称:
apple
无法打开文件!

--------------------------------
Process exited after 28.37 seconds with return value 0
请按任意键继续. . .
```

```
请输入第1个商品名称:
apple
请输入第2个商品名称:
orange
请输入第3个商品名称:
xuerongrong
请输入第4个商品名称:
bingdundun
请输入第5个商品名称:
banana
商品排序结果为:
apple
banana
bingdundun
orange
xuerongrong
排序结果保存成功!

--------------------------------
Process exited after 25.23 seconds with return value 0
请按任意键继续. . .
```

【程序分析】

① 由于使用了绝对路径，因此必须保证 D 盘下有 Goods 文件夹，否则无法创建 goods.txt 文件。

② 在向磁盘文件写数据时，只输出字符串中的有效字符，不包括字符串结束标志（\0）。这样前后两次输出的字符串之间无分隔，以后从磁盘文件中读数据就无法区分各个字符串了。为了避免此情况，在输出一个字符串后，人为地输出\n 作为字符串之间的分隔符。

【例 10-4】从磁盘文件中读取商品名称，并显示在屏幕上。

【解题思路】

使用 fgets 函数读取磁盘文件中的商品名称。

【参考代码】

```
#include <stdio.h>
#include <stdlib.h>
#define N 5
void read(FILE *fp)
{
    char goodsName[N][80];
    int i;
    printf("读取到的商品名称是: \n");
    for(i=0;fgets(goodsName[i],80,fp)!=NULL;i++)
    {
        printf("%s",goodsName[i]);
    }
}
void main()
{
    FILE *fp;
```

```
    if((fp=fopen("D:\\Goods\\goods.txt","r"))==NULL)        // r方式打开磁盘文件
    {
        printf("无法打开文件!\n");
        exit(0);
    }
    read(fp);
    fclose(fp);
}
```

【运行结果】

```
读取到的商品名称是:
apple
banana
bingdundun
orange
xuerongrong

--------------------------------
Process exited after 1.018 seconds with return value 0
请按任意键继续. . .
```

【程序分析】

① 在打开磁盘文件时要注意，指定的文件路径和文件名必须和上次写入的一致，否则会找不到文件。读写方式要改为 r 方式，否则使用 w 方式会将原始数据清空。

② 在用 fgets 函数读字符串时，指定一次读入 80 个字符，但按 fgets 函数的规定，如果遇到\n 就结束字符串输入，\n 作为最后一个字符读入字符数组中。

③ 由于读入字符数组中的每个字符串后都有\n，因此输出时不必再加\n，只用写“printf("%s",str);”。

10.3.3　用格式化的方式读写文件

大家已熟悉用 printf 函数和 scanf 函数向终端进行格式化的输入/输出了，即用各种不同的格式以终端为对象输入/输出数据。其实也可以对文件进行格式化输入/输出，这时就要用 fprintf 函数和 fscanf 函数，它们的作用与 printf 函数和 scanf 函数相似，都是格式化读写函数，不同之处在于，fprintf 函数和 fscanf 函数的读写对象不是终端而是文件，它们的一般调用方式如下：

```
fprintf(文件指针，格式字符串，输出表列);
fscanf(文件指针，格式字符串，输入表列);
```

例如：

```
fprintf(fp,"%f,%f",ps,ai);
```

上例的作用是将 float 型变量 ps 和 ai 的值按“%f ”的格式输出到 fp 指向的文件中。

用以下 fscanf 函数从文件中读入 ASCII 码。

```
fscanf (fp,"%f,%f", ps,ai);
```

用 fprintf 函数和 fscanf 函数对文件进行读写，容易理解。但在输入时要将文件中的 ASCII 码转换为二进制形式的数据保存在变量中，在输出时要将内存中的二进制形式的数据转换成字符，要花费较多时间。因此，在内存与磁盘频繁交换数据的情况下，最好不要用 fprintf 函数和 fscanf 函数，而用下面介绍的 fread 函数和 fwrite 函数进行读写。

10.3.4 用二进制方式向文件读写一组数据

在程序中不仅需要一次输入/输出一个数据，而且常常需要一次输入/输出一组数据（如数组或结构体变量的值），C 语言允许用 fread 函数从文件中读一个数据块，用 fwrite 函数向文件写一个数据块。在进行读写时，数据块是二进制形式的。在向文件写数据时，直接将内存中的一组数据原封不动、不加转换地复制到文件中，在读入数据时也将文件中若干字节的内容一起读入内存。

它们的一般调用形式如下：

```
fread(buffer,size,count,fp);
fwrite(buffer,size,count,fp);
```

- buffer：是一个地址。对 fread 函数来说，它是用来存储从文件读入的数据的存储区的地址。对 fwrite 函数来说，它的作用是把从此地址开始的存储区中的数据向文件中输出（以上指的是起始地址）。
- size：要读写的字节数。
- count：要读写的数据项个数（每个数据项长度为 size）。
- fp：FILE 类型指针。

在打开文件时指定使用二进制文件，这样就可以用 fread 函数和 fwrite 函数读写任何类型的信息了，例如：

```
fread(score,4,10,fp);
```

其中，score 是一个 float 型的数组名（代表数组元素首地址）。这个函数从 fp 指向的文件中读入 10 个 4 字节的数据，并存储到数组 score 中。

【例 10-5】从键盘输入五名冬奥会选手的有关数据，并保存到文件中。

【解题思路】

定义一个有五个元素的结构体数组，用来存储五名冬奥会选手的信息。用 enter 函数输入五名冬奥会选手的信息，用 save 函数输出五名冬奥会选手的信息，用 fwrite 函数一次输出一名冬奥会选手的信息。

【程序代码】

```
#include <stdio.h>
#define SIZE 5
struct athleteType
{
    char name[30];
    char entries[30];
    int age;
} athlete[SIZE];                        // 定义全局结构体数组athlete
void enter()
{
    int i;
    printf("请输入选手信息：\n");
    for(i=0;i<SIZE;i++)                 // 输入SIZE个选手的数据，存储在数组athlete中
    {
        printf("请录入第%d个选手信息(姓名、参赛项目、年龄):\n",i+1);
        scanf("%s%s%d",athlete[i].name,athlete[i].entries,&athlete[i].age);
    }
```

```
}
void save()                              // 定义函数save，向文件输出SIZE个选手的数据
{
    FILE *fp;
    int i;
    if((fp=fopen("athlete.dat","wb"))==NULL)     // 打开输出文件athlete.dat
    {
        printf("无法打开文件！\n");
        return;
    }
    for(i=0;i<SIZE;i++)
    {
        if(fwrite(&athlete[i],sizeof(struct athleteType),1,fp)!=1)
        {
            printf("文件写入错误！\n");
        }
    }
    printf("选手信息保存成功！\n");
    fclose(fp);
}
void main()
{
   enter();
   save();
}
```

【运行结果】

```
请输入选手信息:
请输入第1个选手信息(姓名、参赛项目、年龄):
wudajing duandaosuhua 28
请输入第2个选手信息(姓名、参赛项目、年龄):
renziwei duandaosuhua 25
请输入第3个选手信息(姓名、参赛项目、年龄):
guailing ziyoushihuaxue 18
请输入第4个选手信息(姓名、参赛项目、年龄):
gaotingyu suduhuabing 25
请输入第5个选手信息(姓名、参赛项目、年龄):
suyiming danbanhuaxue 18
选手信息保存成功!

--------------------------------
Process exited after 55.88 seconds with return value 0
请按任意键继续. . .
```

【程序分析】

① 在 enter 函数中，从终端的键盘输入五名冬奥会选手的信息；在 save 函数中，将这些信息输出到以 athlete.dat 命名的文件中。fwrite 函数的作用是将一个长度为 64 字节的数据块保存到 athlete.dat 文件中（一个 struct athleteType 类型变量的长度为它的成员长度之和，即 30+30+4=64）。

② 在 fopen 函数中指定读写方式为 wb 方式，即二进制写方式。在向文件 athlete.dat 写数据的时候，将内存中存储 athlete 数组元素（athlete[i]）的存储单元中的内容原样复制到文件中，创建的 athlete.dat 文件是一个二进制文件。

③ 在本程序中，用 fopen 函数打开文件时没有指定路径，只写了文件名 athlete.dat，系统默认路径为当前用户使用的子目录（即源文件所在的目录），在此目录下创建一个新文件 athlete.dat，输出的数据存储在此文件中。

【例 10-6】先从二进制文件中读取冬奥会选手信息，然后打印在屏幕上。

【解题思路】

编写一个 load 函数，从文件 athlete.dat 中读二进制数据，并存放在 athlete 数组中。

【程序代码】

```
#include <stdio.h>
#define SIZE 5
struct athleteType
{
    char name[30];
    char entries[30];
    int age;
} athlete[SIZE];
void load()
{
    FILE *fp;
    int i;
    if((fp=fopen("athlete.dat","rb"))==NULL)
    {
        printf("无法打开文件！\n");
        exit(0);
    }
    for(i=0;i<SIZE;i++)
    {
        // 从athlete.dat文件中读数据
        if(fread(&athlete[i],sizeof(struct athleteType),1,fp)!=1)
        {
            if(feof(fp))
            {
                fclose(fp);
                return;
            }
            printf("文件读取失败！\n");
            exit(0);
        }
    }
    fclose(fp);
}
void print()
{
    int i;
    printf("冬奥会选手信息如下：\n");
    printf("选手姓名\t参赛项目\t年龄\n");
    for(i=0;i<SIZE;i++)
    {
        printf("%s\t%s\t%d\n",athlete[i].name,athlete[i].entries,athlete[i].age);
    }
}
void main()
{
   load();
   print();
}
```

【运行结果】

```
冬奥会选手信息如下：
选手姓名        参赛项目        年龄
wudajing        duandaosuhua    28
renziwei        duandaosuhua    25
guailing        ziyoushihuaxue  18
gaotingyu       suduhuabing     25
suyiming        danbanhuaxue    18

--------------------------------
Process exited after 0.9079 seconds with return value 25
请按任意键继续. . .
```

【程序分析】

① 注意输入/输出数据的状况。在例 10-5 的程序中，从键盘输入的五名冬奥会选手的信息是 ASCII 码形式的。在用 fwrite 函数以二进制形式将数据输出到 athlete.dat 文件时不发生字符转换，按在内存中存储的形式原样输出到该文件中。

② 从 athlete.dat 文件中以 r 方式读入数据会出错。fread 函数和 fwrite 函数用于二进制文件的输入/输出，因为它们是按数据块的长度进行输入/输出的，不会出现字符转换。

注意：

（1）数据的存储方式

文本方式：数据以字符方式（ASCII 码方式）存储到文件中。如整数 12 在文件中占 2 字节，而不是 4 字节，以文本方式存储数据能便于阅读。

二进制方式：按数据在内存的存储状态原封不动地复制到文件中。如整数 12 在文件中和在内存中一样占 4 字节。

（2）文件的分类

文本文件（ASCII 文件）：全部为 ASCII 码。

二进制文件：按二进制方式存储从内存中复制的数据的文件，称二进制文件，即映像文件。

（3）文件的打开方式

文本方式：不带字母 b 的方式，在读写文件时对换行符进行转换。

二进制方式：带字母 b 的方式，在读写文件时不对换行符进行转换。

（4）文件读写函数

文本文件读写函数：用来向文本文件读写字符数据的函数（如 fgetc、fgets、fputc、fputs、fscanf、fprintf 等）。

二进制读写函数：用来向二进制文件读写二进制数据的函数（如 getw、putw、fread、fwrite 等）。

进　阶　篇

任务 10.4　随机读写文件

对文件进行顺序读写比较容易理解，也容易操作，但效率不高，例如，参与冬奥会的各国选手将近 3000 人，如果要查询最后一名选手是谁，就必须逐个读取选手信息才能知道最后一名选手的信息，这样效率太低了。随机读写不按数据在文件中的物理位置的次序进行读写，但可以对任何位置上的数据进行读写，显然使用这种方法比顺序读写的效率高得多。

10.4.1　文件位置标记及其定位

1. 文件位置标记

前文已介绍，为了对读写进行控制，系统为每个文件设置了一个文件读写位置标记（简称文件位置标记或文件标记），用来指示要读写的下一个字符的位置。

一般情况下，在对字符文件进行顺序读写时，文件位置标记指向文件开头，这时如果对文件进行读的操作，就先读第 1 个字符，然后文件位置标记向后移一个位置，在下一次执行读的操作时，就将文件位置标记指向的第 2 个字符。依此类推，直到到达文件尾才结束。

如果进行顺序写文件，则每写完 1 个数据，文件位置标记先按顺序向后移一个位置，然后在下一次执行写操作时把数据写入文件位置标记所指的位置，直到把全部数据写完，此时文件位置标记在最后一个数据之后。

根据读写需要，先人为地移动文件位置标记的位置，将文件位置标记向前移、向后移，或移到文件头、文件尾，然后对所指的位置进行读写操作，这显然不是进行顺序读写，而是进行随机读写。

流式文件既可以进行顺序读写，也可以进行随机读写，实现读写操作的关键在于控制文件的文件位置标记。如果文件位置标记按字节顺序移动，就是顺序读写。如果能将文件位置标记按需要移动到任意位置，就是随机读写。所谓随机读写，是指读写完上一个字符（或字节）后，并不一定要读写其后续的字符（或字节），而可以读写文件中任意位置的字符（或字节），即读写数据的顺序和数据在文件中的物理顺序是不一致的，可以在任何位置写入数据，也可以在任何位置读取数据。

2. 文件位置标记的定位

强制使文件位置标记指向指定的位置，可以用以下函数实现。

（1）用 rewind 函数使文件位置标记指向文件开头

rewind 函数的作用是使文件位置标记重新返回文件的开头，此函数没有返回值。

【例 10-7】有一个文件，文件内有一些信息。要求将该文件的信息显示在屏幕上，并复制到另一个文件中。

【解题思路】

分别实现以上两个任务并不困难，但是把两者组合起来就会出现问题，因为在读完文件内容后，文件位置标记已指向文件的末尾，如果再读数据，就会遇到文件结束标志。feof 函数的值等于 1（判断为真），则无法再读数据，必须在程序中用 rewind 函数使文件位置标记指向文件开头。

【程序代码】

```
#include<stdio.h>
void print(FILE *fp)
{
    printf("原始文件的内容是：\n");
    while(!feof(fp))
    {
        putchar(getc(fp));                    // 逐个字符读入并输出到屏幕上
    }
    putchar('\n');                            // 输出 1 个换行符
}
```

```
void copy(FILE *fp1,FILE *fp2)
{
    while(!feof(fp1))
    {
        putc(getc(fp1),fp2);                    // 从文件头重新逐个读字符，输出到新文件中
    }
    printf("文件复制成功！ \n");
}
void main()
{
    FILE *fp1,*fp2;
    if((fp1=fopen("source.txt","r"))==NULL)
    {
        printf("无法打开原始文件!\n");
        exit(0);
    }
    print(fp1);
    rewind(fp1);
    if((fp2=fopen("copy.txt","w"))==NULL)
    {
        printf("无法打开新文件!\n");
        exit(0);
    }
    copy(fp1,fp2);
    fclose(fp1);
    fclose(fp2);
}
```

【运行结果】

```
原始文件的内容是：
BeiJing 2022 --> To the Future Together
文件复制成功!

--------------------------------
Process exited after 1.211 seconds with return value 0
请按任意键继续. . .
```

【程序分析】

① 执行 while 语句的循环条件是文件结束标志未被读过。print 函数中的 while 语句先向屏幕输出一个字符，然后从 source.txt 文件读入一个字符，直到读入的和输出的都是最后一个字符。请注意，在输出最后一个字符后执行“ch=getc(fp1);”，它的作用是在读取最后一个字符后再读一次 source.txt 文件，这时就读到了文件结束标志。在 while 语句中检查循环条件，若 feof(fp)为真，则!feof(fp)为假，终止循环。

② rewind 函数的作用是使文件 file1 的文件位置标记重新定位于文件开头，同时 feof 函数的值恢复为 0。

（2）用 fseek 函数改变文件位置标记

fseek 函数的调用形式如下：

```
fseek(文件类型指针,位移量,起始点)
```

起始点用 0、1 或 2 代替，0 代表文件的开始位置，1 代表文件的当前位置，2 代表文件的末尾位置。

C 语言标准指定的名字如表 10-4 所示。

表 10-4　C 语言标准指定的名字

起始点	名字	代表数字
文件的开始位置	SEEK_SET	0
文件的当前位置	SEEK_CUR	1
文件的末尾位置	SEEK_END	2

位移量指以起始点为基点，向前移动的字节数。位移量是 long 型数据（在数字的末尾加一个字母 L 表示该数据是 long 型数据）。

fseek 函数一般用于处理二进制文件，下面是 fseek 函数的几个例子。

```
fseek (fp, 100L,0);         将文件位置标记向前移到离文件开始位置第 100 字节处
fseek (fp,50L,1);           将文件位置标记向前移到离文件当前位置 50 字节处
fseek (fp,-10L,2);          将文件位置标记从文件末尾位置后退 10 字节
```

10.4.2　随机读写

有了 rewind 函数和 fseek 函数，就可以实现随机读写了。通过下面的例子来了解随机读写。

【例 10-8】从二进制文件中读取冬奥会选手信息（奇数位），并显示在屏幕上。

【解题思路】

① 按二进制只读方式打开指定的文件，从该文件中读取冬奥会选手信息。

② 先将文件位置标记指向文件的开头，然后从文件读入一名冬奥会选手的信息，并显示在屏幕上。

③ 将文件位置标记指向的第 3 名、第 5 名选手的数据区的开头，从文件中读入冬奥会选手信息，并显示在屏幕上。

④ 关闭文件。

【程序代码】

```
#include<stdio.h>
#define SIZE 5
struct athleteType
{
    char name[30];
    char entries[30];
    int age;
} athlete[SIZE];                    // 定义全局结构体数组athlete，包含5名冬奥会选手信息
void read(FILE *fp)
{
    int i;
    printf("冬奥会选手信息如下：\n");
    printf("选手姓名\t参赛项目\t年龄\n");
    for(i=0;i<SIZE;i+=2)
    {
        fseek(fp,i*sizeof(struct athleteType),0);              // 移动位置
        fread(&athlete[i],sizeof(struct athleteType),1,fp);  // 读 1 个数据块到结构体变量中
        printf("%s\t%s\t%d\n",athlete[i].name,athlete[i].entries,athlete[i].age);
    }
}
void main()
```

```
{
    FILE *fp;
    if((fp=fopen("athlete.dat","rb"))==NULL)    // 以只读方式打开二进制文件
    {
        printf("无法读取文件！\n");
        exit(0);
    }
    read(fp);
    fclose(fp);
}
```

【运行结果】

```
冬奥会选手信息如下：
选手姓名        参赛项目        年龄
wudajing        duandaosuhua    28
guailing        ziyoushihuaxue  18
suyiming        danbanhuaxue    18

--------------------------------
Process exited after 1.138 seconds with return value 0
请按任意键继续. . .
```

【程序分析】

在 fseek 函数的调用过程中，指定起始点为 0，即以文件开头为参照点。位移量为 i*sizeof(struct athleteType)，其中 sizeof(struct athleteType)是 struct athleteType 类型变量的长度（即字节数）。i 的初始值为 0，因此在第 1 次循环时执行 fread 函数，读入长度为 sizeof(struct athleteType)的数据，即第 1 名冬奥会选手的信息，把它存储在数组元素 athlete[0]中，在屏幕上输出该选手的信息。在第 2 次循环时，i 增加为 2，位移量是 struct athleteType 类型变量的长度的两倍，即跳过一个结构体变量，先移到第 3 名冬奥会选手的数据区的开头，然后用 fread 函数读入一个结构体变量，即将第 3 名冬奥会选手的信息存放在数组元素 stud[2]中，并显示到屏幕上。

需要注意的是，要保证磁盘中存在指定的文件 athlete.dat，并且在该文件中存储着这些冬奥会选手的信息，否则会出错。

提　高　篇

任务 10.5　学生信息管理系统 9

【例 10-9】定义 readFile、writeFile 函数实现读写文件，定义 queryByAvg、orderByNum、deleteStu、deletes、update、count、query、order、avg、file 等函数，实现学生信息管理系统的完整功能。

【程序代码】

```
#include <stdio.h>
#include <stdlib.h>
#include <string.h>
#include <process.h>
#include <ctype.h>
#define StuNum 10
struct studentInfo{
```

```
    char num[11];
    char name[21];
    int cLanguage;
    int math;
    int english;
    double average;
} stu[StuNum];
/*在实际开发中，将所有程序员都需要用到的功能代码以函数的形式定义在头文件里面，提高了代码的可复用性和可维护性，为了方便起见，本程序直接将所有函数和主函数放在一起*/ void showStuInfo(int n)
{
    printf("------------------------------------------------------------------------\n");     /*格式头*/
    printf("%-11s%-21s%-10s%-10s%-10s%-10s\n","学号","姓名","C语言","数学","英语","平均分");
    printf("------------------------------------------------------------------------\n");
    printf("%-11s%-21s%-10d%-10d%-10d%-10.2lf\n",stu[n].num,stu[n].name,stu[n].cLanguage,
        stu[n].math,stu[n].english,stu[n].average);
}
void display(int n)
{
    int i ;
    for(i=0;i<n;i++)
    {
        showStuInfo(i);
    }
    printf("\n\n\n");
}
void inputNumber(int n)
{
    char num[50];
    printf("请输入学生学号\n");
    for(;;)
    {
        scanf("%s",num);
        getchar();
        if(strlen(num)==10)
        {
            strcpy(stu[n].num,num);
            break;
        }
        printf("学生学号长度为10个字符，请重新输入!\n");
    }
}
void inputName(int n,char message[])
{
    char name[50];
    printf("%s\n",message);
    for(;;)
    {
        scanf("%s",name);
        getchar();
        if(strlen(name)<=20)
        {
            strcpy(stu[n].name,name);
            break;
        }
        printf("学生姓名长度为1～20个字符，请重新输入!\n");
    }
}
void inputScore(char message[],int *score)
{
    printf("%s\n",message);
    for(;;)
    {
        scanf("%d",score);
        getchar();
        if(0<=*score&&*score<=100)
        {
            break;
        }
        printf("学生成绩为0～100的整数，请重新输入!\n");
    }
}
void avg(int n)
```

```
{
   stu[n].average=(stu[n].cLanguage+stu[n].math+stu[n].english)/3.0;
}
int input(int n)/*输入若干条记录*/
{
   int i=0;
   char sign='\0';
   while(sign!='n'&&sign!='N')
   {
      inputNumber(n+i);
      inputName(n+i,"请输入学生姓名:");
      inputScore("请输入学生的C语言成绩",&stu[n+i].cLanguage);
      inputScore("请输入学生的高数成绩",&stu[n+i].math);
      inputScore("请输入学生的大学英语成绩",&stu[n+i].english);
      avg(n+i);
      printf("是否继续输入?(Y/N):\n");
      scanf("%c",&sign);
      getchar();
      i++;
   }
   return(n+i);
}
void deleteStu(int n,int i)
{
   int j;
   for(j=i;j<n-1;j++)
   {
      strcpy(stu[j].num,stu[j+1].num);
      strcpy(stu[j].name,stu[j+1].name);
      stu[j].cLanguage=stu[j+1].cLanguage;
      stu[j].math=stu[j+1].math;
      stu[j].english=stu[j+1].english;
      stu[j].average=stu[j+1].average;
   }
}
int deletes(int n)
{
   int i=0,j=0;
   char name[50];
   printf("输入要删除的记录的姓名:");
   scanf("%s",name);
   while(strcmp(stu[i].name,name)!=0&&i<n)
   {
      i++;
   }
   if(i==n)
   {
      printf("您输入的数据不存在!\n");
      return n;
   }
   deleteStu(n,i);
   printf("数据删除成功!\n");
   return n-1;
}
int update(int n)
{
   int i=0,choice=0;
   char num[50];
   printf("请输入您要修改的学生的学号:\n");
   scanf("%s",num);
   for(i=0;i<StuNum;i++)
   {
      if(strcmp(stu[i].num,num)==0)
      {
         break;
      }
   }
   if(100==i)
   {
      printf("您输入的学号不存在!\n");
      return 0;
   }
```

```
    printf("请选择您要修改的内容: \n");
    printf(" ---------------------- \n");
    printf("姓名\t\t请输入1\n");
    printf("C语言\t\t请输入2\n");
    printf("数学\t\t请输入3\n");
    printf("英语\t\t请输入4\n");
    printf("退出\t\t请输入0\n");
    printf("+----------------------+\n ");
    printf("请输入您的选择:");
    scanf("%d",&choice);
    switch(choice)
    {
      case 0:
        break;
      case 1:
        inputName(i,"请输入新姓名:");
        break;
      case 2:
        inputScore("请输入新的C语言分数:",&stu[i].cLanguage);
        avg(i);
        break;
      case 3:
        inputScore("请输入新的数学分数:",&stu[i].math);
        avg(i);
        break;
      case 4:
        inputScore("请输入新的英语分数: ",&stu[i].english);
        avg(i);
        break;
      default:
        printf("\n无效选项!");
        break;
    }
    return 1;
}
void queryByName(int n)
{
    /*为防止用户输入过长的字符串，定义输入姓名的字符串为50个字符*/
    char inputName[50];
    int i=0;
    printf("请输入要查询的学生姓名:\n");
    scanf("%s",inputName);
    while(strcmp(stu[n-1].name,inputName)!=0&&i<n)
    {
      /*查找、 判断*/
      i++;
    }
    if(i!=n)
    {
      printf("查询成功!该学生的信息如下： \n");
      showStuInfo(n-1);
      printf("\n\n\n");
    }
    else
    {
      printf( "您要查找的学生不存在!\n\n\n"); /*输出信息*/
    }
}
void queryByAvg(int n)
{
    double avg=0.0;
    int i=0;
    printf("输入平均分:");
    scanf("%lf",&avg);
    while(stu[i].average!=avg&&i<n)
    {
      i++;
    }
    if(i!=n)
    {
      printf("查询成功!该学生的信息如下： \n");
      showStuInfo(i);
      printf("\n\n\n");
```

```
    }
    else
    {
        printf( "您要查找的学生不存在!\n\n\n"); /*输入失败信息*/
    }
}
void orderByNum(int n)
{
    int i,j,p,q,r;
    double y;
    char x[21],t[11];
    for(i=0;i<n-1;i++)
    {
        for(j=0;j<n-1-i;j++)
        {
            if(strcmp(stu[j].num,stu[j+1].num)>0)
            {
                strcpy(t,stu[j].num);
                strcpy(stu[j].num,stu[j+1].num);
                strcpy(stu[j+1].num,t);
                strcpy(x,stu[j].name);
                strcpy(stu[j].name,stu[j+1].name);
                strcpy(stu[j+1].name,x);
                y=stu[j].average;
                stu[j].average=stu[j+1].average;
                stu[j+1].average=y;
                p=stu[j].cLanguage;
                stu[j].cLanguage=stu[j+1].cLanguage;
                stu[j+1].cLanguage=p;
                q=stu[j].math;
                stu[j].math=stu[j+1].math;
                stu[j+1].math=q;
                r=stu[j].english;
                stu[j].english=stu[j+1].english;
                stu[j+1].english=r;
            }
        }
    }
    return;
}
void count(int n)
{
    int i,j,a,max,min,k,l,q,p,w;
    k=0,l=0,p=0,q=0,w=0;
    printf("你想统计哪科成绩: 1C语言  2数学  3英语  5平均分\n");
    scanf("%d",&j);
    printf("请输入要统计的分数段的高分和低分:\n");
    scanf("%d%d",&max,&min);
    if(max<min)
    {
        a=max;
        max=min;
        min=a;
    }
    if(j==1)
    {
        for(i=0;i<99;i++){
            if(stu[i].cLanguage>min&&stu[i].cLanguage<max)
            {
                k++;
            }
        }
        printf("分数段的人数为:%d\n\n\n",k);
    }
    else if(j==2)
    {
        for(i=0;i<99;i++)
        {
            if(stu[i].math>min&&stu[i].math<max)
            {
                l++;
            }
        }
        printf("分数段的人数为:%d\n\n\n",l);
```

```
    }
    else if(j==3)
    {
        for(i=0;i<99;i++)
        {
            if(stu[i].english>min&&stu[i].english<max)
            {
                p++;
            }
        }
        printf("分数段的人数为:%d\n\n\n",p);
    }
    else if(j==4)
    {
        for(i=0;i<99;i++)
        {
            if(stu[i].average>min&&stu[i].average<max)
            {
                q++;
            }
        }
        printf("分数段的人数为:%d\n\n\n",q);
    }
    return;
}
void readFile(int n)
{
    int i=0;
    FILE*fp;
    char filename[21];
    printf("请输入文件名:");
    scanf("%s",filename);
    if((fp=fopen(filename,"rb"))==NULL)
    {
        printf("文件打开失败!\n");
    }
    for(i=0;i<n;i++)
    {
        if(fread(&stu[i],sizeof(struct studentInfo),1,fp)!=1)
        {
            if(feof(fp))
            {
                fclose(fp);
                printf("文件读取失败!\n");
                exit(0);
            }
        }
    }
    fclose(fp);
    printf("文件读取成功!\n");
    display(n);
}
void writeFile(int n)
{
    int i;
    FILE*fp;
    char filename[21];
    printf("请输入文件名:");
    scanf("%s",filename);
    if((fp=fopen(filename,"wb"))==NULL)
    {
        printf( "文件打开失败\n");
        return;
    }
    for(i=0;i<n;i++)
    {
        if(fwrite(&stu[i],sizeof(struct studentInfo),1,fp)!=1)
        {
            printf("文件写入错误!\n");
        }
    }
    fclose(fp);
    printf("学生信息保存成功!\n");
```

```
}
int edit()
{
    int i;
    printf("\t\t 1输入\n");
    printf("\t\t 2.修改\n");
    printf("\t\t 3.删除\n");
    printf("\t\t按其他数字键退出\n");
    scanf("%d",&i);
    return i;
}
int query()
{
    int i;
    printf("\t\t 1.按姓名查询\n");
    printf("\t\t 2.按平均分查询\n");
    printf("\t\t按其他数字键退出\n");
    scanf("%d",&i);
    return i;
}
int order()
{
    int i;
    printf("\t\t 1.按学号\n");
    printf("\t\t按其他数字键退出\n");
    scanf("%d",&i);
    return i;
}
int file()
{
    int i;
    printf("\t\t 1.从文件中读入数据\n");
    printf("\t\t 2.将所有记录写入文件\n");
    printf("\t\t按其他数字键退出 \n");
    scanf(" %d",&i);
    return i;
}
int menu()
{
    int option;
    do
    {
        printf("\t\t********************学生信息管理系统菜单********************\n");
        printf("\t\t    1.编辑\n");
        printf("\t\t    2.显示 \n");
        printf("\t\t    3.查询\n");
        printf("\t\t    4.排序\n");
        printf("\t\t    5.统计\n");
        printf("\t\t    6.文件\n");
        printf("\t\t    0.退出\n");
        printf("\t\t**********************************************************\n");
        printf("\t\t 请选择(0~6):");
        scanf("%d",&option);
    }while(option<0||option>6);
    return option;
}
void main()
{
    int n=0;
    int op=0;
    for(;;)
    {
        for(;;)
        {
            switch(menu())
            {
                case 1:
                    switch(edit())
                    {
                        case 1:
                            n=input(n);
                            display(n);
                            break;
                        case 2:
```

```
                    op=update(n);
                    if(op)
                    {
                        display(n);
                    }
                    break;
                case 3:
                    n=deletes(n);
                    if(op)
                    {
                        display(n);
                    }
                    break;
            }
            break;
        case 2:
            if(n)
            {
                display(n);
            }
            else
            {
                printf("当前无数据!\n");
            }
            break;
        case 3:
            switch(query())
            {
                case 1:
                    queryByName(n);
                    break;
                case 2:
                    queryByAvg(n);
                    break;
            }
            break;
        case 4:
            switch(order())
            {
                case 1:
                    orderByNum(n);
                    display(n);
                    break ;
            }
            break;
        case 5:
            count(n);
            break;
        case 6:
            switch(file())
            {
                case 1:
                    readFile(n);
                    break;
                case 2:
                    writeFile(n);
                    break;
            }
            break;
        case 0:
            printf("谢谢您的使用，下次再见!\n");
            exit(0);
    }
  }
 }
}
```

【运行结果】

```
                    ********************学生信息管理系统菜单********************
                          1.编辑
                          2.显示
                          3.查询
                          4.排序
                          5.统计
                          6.文件
                          0.退出
                    ************************************************************
                     请选择(0~6):1
                     1.录入
                     2.修改
                     3.删除
                    按其他数字键退出
1
请输入学生学号
0000000001
请输入学生姓名:
liudehua
请输入学生的C语言成绩
60
请输入学生的高数成绩
70
请输入学生的大学英语成绩
80
是否继续输入?(Y/N):
y
请输入学生学号
0000000002
请输入学生姓名:
lixinghua
请输入学生的C语言成绩
75
请输入学生的高数成绩
85
请输入学生的大学英语成绩
95
是否继续输入?(Y/N):
n
--------------------------------------------------------------------------------
学号          姓名                      C语言       数学        英语        平均成绩
--------------------------------------------------------------------------------
0000000001 liudehua                     60          70          80          70.00
--------------------------------------------------------------------------------
学号          姓名                      C语言       数学        英语        平均成绩
--------------------------------------------------------------------------------
0000000002 lixinghua                    75          85          95          85.00


                    ********************学生信息管理系统菜单********************
                          1.编辑
                          2.显示
                          3.查询
                          4.排序
                          5.统计
                          6.文件
                          0.退出
                    ************************************************************
                     请选择(0~6):6
                     1.从文件中读入数据
                     2.将所有记录写入文件
                    按其他数字键退出
2
请输入文件名:123.dat
学生信息保存成功!
                    ********************学生信息管理系统菜单********************
                          1.编辑
                          2.显示
                          3.查询
                          4.排序
                          5.统计
                          6.文件
                          0.退出
                    ************************************************************
                     请选择(0~6):6
                     1.从文件中读入数据
                     2.将所有记录写入文件
                    按其他数字键退出
1
请输入文件名:123.dat
文件读取成功!
--------------------------------------------------------------------------------
学号          姓名                      C语言       数学        英语        平均成绩
--------------------------------------------------------------------------------
0000000001 liudehua                     60          70          80          70.00
--------------------------------------------------------------------------------
学号          姓名                      C语言       数学        英语        平均成绩
--------------------------------------------------------------------------------
0000000002 lixinghua                    75          85          95          85.00


                    ********************学生信息管理系统菜单********************
                          1.编辑
                          2.显示
                          3.查询
                          4.排序
                          5.统计
                          6.文件
                          0.退出
                    ************************************************************
                     请选择(0~6):0
谢谢您的使用，下次再见!
请按任意键继续. . .
```

思考练习

一、选择题

1．下列关于 C 语言中的文件的叙述正确的是（　　）。

A．文件由一系列数据依次排列组成，只能构成二进制文件

B．文件由结构序列组成，可以构成二进制文件或文本文件

C．文件由数据序列组成，可以构成二进制文件或文本文件

D．文件由字符序列组成，其类型只能是文本文件

2．下列叙述正确的是（　　）。

A．C 语言中的文件是流式文件，因此只能按顺序读写文件

B．打开一个已存在的文件并进行写操作，原有文件的全部数据必定被覆盖

C．在一个程序中对文件进行写操作后，必须先关闭该文件再打开，才能读到第一个数据

D．在文件的读（写）操作完成之后，必须将它关闭，否则可能导致数据丢失

3．有以下程序：

```
#include <stdio.h>
main()
{   FILE *f;
    f=fopen("filea.txt","w");
    fprintf(f,"abc");
    fclose(f);      }
```

若文件 filea.txt 中的原有内容为 hello，则在运行以上程序后，文件 filea.txt 中的内容为（　　）。

A．helloabc　　　B．abclo　　　C．abc　　　D．abchello

4．有以下程序：

```
#include <stdio.h>
main()
{   FILE *fp; int a[10]={1,2,3},i,n;
     fp=fopen("d1.dat","w");
     for(i=0;i<3;i++) fprintf(fp,"%d",a[i]);
     fprintf(fp,"\n"); fclose(fp);
     fp=open("d1.dat","r"); fscanf(fp,"%d",&n);
     fclose(fp); printf("%d\n",n);    }
```

程序的运行结果是（　　）。

A．12300　　　B．123　　　C．1　　　D．321

5．有下列程序：

```
#include <stdio.h>
void main( )
{   FILE  *fp;
int k,n,a[6]={1,2,3,4,5,6};
    fp=fopen("d2.dat","w");
fprintf(fp,"%d%d%d\n",a[0],a[1],a[2]);
fprintf(fp,"%d%d%d\n",a[3],a[4],a[5]);
fclose(fp);
fp=fopen("d2.dat","r");
```

```
fscanf(fp,"%d%d",&k,&n);
  printf("%d%d\n",k,n);
fclose(fp);
}
```

程序的运行结果是（　　）。

A. 12　　B. 14　　C. 1234　　D. 123456

6. 读取二进制文件的函数调用形式为“fread(buffer,size,count,fp);”，其中 buffer 代表的是（　　）。

A. 一个文件指针，指向待读取的文件

B. 一个整型变量，代表待读取的数据的字节数

C. 一个内存块的首地址，代表读入数据被存储的地址

D. 一个内存块的字节数

7. 有下列程序：

```
#include <stdio.h>
main( )
{   FILE *fp; int a[10]={1,2,3,0,0},i;
fp=fopen("d2.dat","wb");
fwrite(a,sizeof(int),5,fp);
fwrite(a,sizeof(int),5,fp);
fclose(fp);
fp=fopen("d2.dat","rb");
   fread(a,sizeof(int),10,fp);
fclose(fp);
   for(i=0;i<10;i++)   printf("%d,",a[i] );
}
```

程序的运行结果是（　　）。

A. 1,2,3,0,0,0,0,0,0,0,　　B. 1,2,3,1,2,3,0,0,0,0,

C. 123,0,0,0,0,123,0,0,0,0,　　D. 1,2,3,0,0,1,2,3,0,0,

8. 有以下程序：

```
#include <stdio.h>
main()
{   FILE *pf;
    char  *s1="China",*s2="Beijing";
    pf=fopen("abc.dat","wb+");
    fwrite(s2,7,1,pf);     rewind(pf);
    fwrite(s1,5,1,pf);     fclose(pf);
}
```

以上程序被执行后，abc.dat 文件的内容是（　　）。

A. China　　B. Chinang

C. ChinaBeijing　　D. BeijingChina

9. 有下列程序：

```
#include <stdio.h>
main( )
{    FILE  *fp; int i,a[6]={1,2,3,4,5,6};
     fp=fopen("d3.dat","wb+");
     fwrite(a,sizeof(int),6,fp);
     fseek(fp,sizeof(int)*3,SEEK_SET);
      /*该语句使读文件的文件位置标记从文件头向后移动 3 个 int 型的数据量 */
```

```
    fread(a,sizeof(int),3,fp); fclose(fp);
    for(i=0;i<6;i++)printf("%d,",a[i]); }
```

程序的运行结果是（　　）。

A．4,5,6,4,5,6,

B．1,2,3,4,5,6,

C．4,5,6,1,2,3,

D．6,5,4,3,2,1,

二、读程序题

1．以下程序用来判断指定文件是否能正常打开，请填空。

```
#include <stdio.h>
main()
{  FILE *fp;
   if(((fp=fopen("test.txt","r"))==【                              】))
     printf("未能打开文件!\n");
   else
     printf("文件打开成功!\n");      }
```

2．设有“FILE *fw;”，请将以下打开文件的语句补充完整，以便在文本文件 readme. txt 的尾部续写内容。

```
fw=fopen("readme.txt",  【                              】);
```

3．以下程序从名为 filea.dat 的文件中逐个读入字符并显示在屏幕上，请填空。

```
main()
{   FILE *fp; char ch;
    fp=fopen(【                                        】);
    ch=fgetc(fp);
    while  (!feof(fp))
    {   putchar(ch);  ch=fgetc(fp); }
    putchar("\n");
fclose(fp);
}
```

附录A ASCII码表

十进制	字符	十进制	字符	十进制	字符	十进制	字符
0	NUL	32	空格	64	@	96	`
1	SOH	33	!	65	A	97	a
2	STX	34	"	66	B	98	b
3	ETX	35	#	67	C	99	c
4	EOT	36	$	68	D	100	d
5	ENQ	37	%	69	E	101	e
6	ACK	38	&	70	F	102	f
7	BEL	39	'	71	G	103	g
8	BS	40	(	72	H	104	h
9	HT	41	)	73	I	105	i
10	LF	42	*	74	J	106	j
11	VT	43	+	75	K	107	k
12	FF	44	,	76	L	108	l
13	CR	45	–	77	M	109	m
14	SO	46	.	78	N	110	n
15	SI	47	/	79	O	111	o
16	DLE	48	0	80	P	112	p
17	DCI	49	1	81	Q	113	q
18	DC2	50	2	82	R	114	r
19	DC3	51	3	83	S	115	s
20	DC4	52	4	84	T	116	t
21	NAK	53	5	85	U	117	u
22	SYN	54	6	86	V	118	v
23	TB	55	7	87	W	119	w
24	CAN	56	8	88	X	120	x
25	EM	57	9	89	Y	121	y
26	SUB	58	:	90	Z	122	z
27	ESC	59	;	91	[	123	{
28	FS	60	<	92	\	124	|
29	GS	61	=	93	]	125	}
30	RS	62	>	94	^	126	~
31	US	63	?	95	_	127	DEL

附录 B　运算符优先级别和结合方向

优先级别	目数	运算符	名称	结合方向
1	单目	()	圆括号	左结合
		[]	下标	
	双目	->	指向	
		.	成员	
2	单目	!	逻辑非	右结合
		~	按位取反	
		++	自增	
		--	自减	
		-	符号	
		+	正号	
		（类型）	强制类型转换	
		*	指向	
		&	取地址	
		sizeof	长度运算符	
3	双目	*	乘法	左结合
		/	除法	
		%	求余	
4	双目	+	加法	左结合
		-	减法	
5	双目	<<	左移	左结合
		>>	右移	
6	双目	<	关系运算符	左结合
		<=		
		>		
		>=		
7	双目	==	等于	左结合
		!=	不等于	
8	双目	&	按位与	左结合
9	双目	^	按位异或	左结合

续表

<table>
<tr><th>优先级别</th><th>目数</th><th>运算符</th><th>名称</th><th>结合方向</th></tr>
<tr><td>10</td><td>双目</td><td>|</td><td>按位或</td><td>左结合</td></tr>
<tr><td>11</td><td>双目</td><td>&&</td><td>逻辑与</td><td>左结合</td></tr>
<tr><td>12</td><td>双目</td><td>||</td><td>逻辑或</td><td>左结合</td></tr>
<tr><td>13</td><td>三目</td><td>?:</td><td>条件</td><td>右结合</td></tr>
<tr><td rowspan="11">14</td><td rowspan="11">双目</td><td>=</td><td rowspan="11">赋值类</td><td rowspan="11">右结合</td></tr>
<tr><td>+=</td></tr>
<tr><td>-=</td></tr>
<tr><td>*=</td></tr>
<tr><td>/=</td></tr>
<tr><td>%=</td></tr>
<tr><td>>>=</td></tr>
<tr><td><<=</td></tr>
<tr><td>&=</td></tr>
<tr><td>^=</td></tr>
<tr><td>|=</td></tr>
<tr><td>15</td><td>双目</td><td>,</td><td>逗号</td><td>左结合</td></tr>
</table>

附录 C　C 语言常用的字符串操作函数

程序应包含头文件 **math.h**			
函数类型	函数形式	功能	类型
数学函数	abs(int i)	求整数的绝对值	int
	fabs(double x)	返回浮点数的绝对值	double
	floor(double x)	向下舍入	double
	fmod(double x, double y)	计算 x 对 y 的模，即 x/y 的余数	double
	exp(double x)	指数函数	double
	log(double x)	对数函数 ln(x)	double
	log10(double x)	对数函数 $\log_{10}(x)$	double
	labs(long n)	取长整数的绝对值	long
	modf(double value, double *iptr)	把数分为指数和尾数	double
	pow(double x, double y)	指数函数（x 的 y 次方）	double
	sqrt(double x)	计算平方根	double
	sin(double x)	正弦函数	double
	asin(double x)	反正弦函数	double
	sinh(double x)	双曲正弦函数	double
	cos(double x)	余弦函数	double
	acos(double x)	反余弦函数	double
	cosh(double x)	双曲余弦函数	double
	tan(double x)	正切函数	double
	atan(double x)	反正切函数	double
	tanh(double x)	双曲正切函数	double
字符串函数	strcat(char *dest, const char *src)	将字符串 src 添加到 dest 末尾	char
	strchr(const char*s, int c)	检索并返回字符 c 在字符串 s 中第一次出现的位置	char
	strcmp(const char *s1, const char *s2)	比较字符串 s1 与 s2 的大小，并返回 s1 减 s2 的值	int
	stpcpy(char *dest,const char *s)	将字符串复制到 dest 中	char

续表

函数类型	函数形式	功能	类型
字符串函数	strdup(const char *s)	将字符串 s 复制到最近创建的单元中	char
	strlen(const char *s)	返回字符串 s 的长度	int
	strlwr(char *s)	将字符串 s 中的大写字母全部转换成小写字母，并返回转换后的字符串	char
	strrev(char *s)	将字符串 s 中的字符全部颠倒顺序并重新排列，返回重新排列后的字符串	char
	strset(char *s, int ch)	将字符串 s 中的所有字符，并将其设置为一个给定的字符 ch	char
	strspn(const char *s1, const char*s2)	扫描字符串 s1，并返回 s1 和 s2 均有的字符的个数	char
	strstr(const char *s1, const char *s2)	扫描字符串 s2，并返回第一次出现 s1 的位置	char
	strtok(char *s1, const char *s2)	检索字符串 s1，字符串 s1 是由字符串 s2 中定义的定界符分隔得到的	char
	strupr(char *s)	将字符串 s 中的小写字母全部转换成大写字母，并返回转换后的字符串	char
字符函数	isalpha(int ch)	若 ch 是字母（A～Z，a～z），则返回非零的值，否则返回 0	int
	isalnum(int ch)	若 ch 是字母（A～Z，a～z）或数字（0～9），则返回非零的值，否则返回 0	int
	isascii(int ch)	若 ch 是字符（ASCII 码中的 0～127），则返回非零的值，否则返回 0	int
	iscntrl(int ch)	若 ch 是作废字符（0x7F）或普通控制字符（0x00～0x1F），则返回非零的值，否则返回 0	int
	isdigit(int ch)	若 ch 是数字（0～9），则返回非零的值，否则返回 0	int
	isgraph(int ch)	若 ch 是可打印字符（不含空格）（0x21～0x7E），则返回非零的值，否则返回 0	int
	islower(int ch)	若 ch 是小写字母（a～z），则返回非零的值，否则返回 0	int
	isprint(int ch)	若 ch 是可打印字符（含空格）（0x20～0x7E），则返回非零的值，否则返回 0	int
	ispunct(int ch)	若 ch 是标点符号（0x00～0x1F），则返回非零的值，否则返回 0	int
	isspace(int ch)	若 ch 是空格（“ ”）、水平制表符（\t）、回车符（\r）、换页符（\f）、垂直制表符（\v）、换行符（\n），则返回非零值，否则返回 0	int
	issupper(int ch)	若 ch 是大写字母（A～Z），则返回非零的值，否则返回 0	int
	isxdigit(int ch)	若 ch 是 16 进制数（0～9，A～F，a～f），则返回非零的值，否则返回 0	int

续表

函数类型	函数形式	功能	类型
字符函数	tolower(int ch)	若 ch 是大写字母（A～Z），则返回相应的小写字母（a～z）	int
	toupper(int ch)	若 ch 是小写字母（a～z），则返回相应的大写字母（A～Z）	int
输入/输出函数	getch()	从控制台（键盘）中读一个字符，不显示在屏幕上	int
	putch()	向控制台（键盘）写一个字符	int
	getchar()	从控制台（键盘）中读一个字符，显示在屏幕上	int
	putchar()	向控制台（键盘）写一个字符	int
	getc(FILE *stream)	从流 stream 中读一个字符，并返回这个字符	int
	putc(int ch, FILE *stream)	向流 stream 写一个字符 ch	int
	getw(FILE *stream)	从流 stream 中读一个整数，若错误则返回 EOF	int
	putw(int w, FILE *stream)	向流 stream 写一个整数	int
	fclose(handle)	关闭 handle 表示的文件处理操作	FILE *
	fgetc(FILE *stream)	从流 stream 中读一个字符，并返回这个字符	int
	fputc(int ch, FILE *stream)	将字符 ch 写入流 stream 中	int
	fgets(char *string, int n, FILE *stream)	从流 stream 中读 n 个字符存入 string 中	char *
	fopen(char *filename, char *type)	打开一个文件 filename，打开方式为 type，返回这个文件指针，type 可为字符串加上后缀	FILE *
	fputs(char *string, FILE *stream)	将字符串 string 写入流 stream 中	int
	fread(void *ptr, int size, int nitems, FILE *stream)	从流 stream 中读入 nitems 个长度为 size 的字符串，并存入 ptr 中	int
	fwrite(void *ptr, int size, int nitems, FILE *stream)	向流 stream 写入 nitems 个长度为 size 的字符串，字符串存储在 ptr 中	int
	fscanf(FILE *stream, char *format[,argument,…])	以格式化形式从流 stream 中读入一个字符串	int
	fprintf(FILE *stream, char *format[,argument,…])	以格式化形式将一个字符串写入指定的流 stream 中	int
	scanf(char *format[,argument,…])	从控制台中读一个字符串，分别对各个参数赋值，使用 BIOS 输出	int
	printf(char *format[,argument,…])	将格式化字符串输出到控制台上（显示器），使用 BIOS 输出	int